Nichtstationäre Strömungen
in
Unterwasserstollen

Springer-Verlag Berlin Heidelberg GmbH

Additional material to this book can be downloaded from http://extras.springer.com

ISBN 978-3-662-23238-5   ISBN 978-3-662-25257-4 (eBook)
DOI 10.1007/978-3-662-25257-4

Nichtstationäre Strömungen

in Unterwasserstollen

Zur Erlangung der Würde eines

D o k t o r - I n g e n i e u r s

von der Fakultät für Bauwesen der
Technischen Hochschule Karlsruhe

genehmigte D i s s e r t a t i o n

von Dipl.-Ing. Hans Blind
Karlsruhe

Tag der mündlichen Prüfung: 14. Juli 1954
Hauptreferent: Prof.Dr.-Ing.Dr.-Ing.E.h.P.Böss
Korreferent: Prof.Dr.-Ing.H.Wittmann

Vorwort

Unter den <u>nichtstationären Strömungen</u> bei Wasserkraftwerken versteht man allgemein die Erscheinungen von Schwall- und Sunkwellen, Druckstößen und Wasserschloßschwingungen.

Es war weder Sinn noch Aufgabe dieser Arbeit, die nichtstationären Strömungen in ihrer Gesamtheit zu erfassen und wiederzugeben. So wichtig und auch vielseitig z.B. die Wasserschloßprobleme an Unterwasserstollen sind, so sind diese doch zu einem wesentlichen Teil in der Literatur erfaßt und eingehend behandelt.

Ebenso wurde auch nicht versucht, Teile der klassischen Druckstoßtheorie und der zahlreichen Einzeluntersuchungen wiederzugeben.

<u>Im Rahmen dieser Arbeit sollten vielmehr die Zustände und Vorgänge untersucht und geklärt werden, die sich auf Grund wechselnder Abflußverhältnisse als nicht klar zu definierende Zwischenzustände darbieten.</u> Zwar bleiben die nichtstationären Vorgänge im Prinzip dieselben, aber ihre Auswirkungen auf Grund veränderter Ausgangsverhältnisse können sich u.U. erheblich ändern.

Bei der Erfassung dieser Probleme wurden die theoretischen Grundlagen der wesentlichsten nichtstationären Strömungen nur soweit in kurzen Auszügen wiedergegeben, als es für das Verständnis der hier durchgeführten Ableitungen als notwendig erschien.

An dieser Stelle möchte ich meinem hochverehrten Lehrer, Herrn Prof.Dr.-Ing.Dr.-Ing.E.h. P. B ö s s , danken, daß er mir die Anregung und viele wertvolle Hinweise zu den vorliegenden Untersuchungen gegeben hat. Außerdem danke ich ihm sehr für die großzügige und verständnisvolle Bereitstellung der notwendigen Versuchs- und Meßeinrichtungen.

Ferner möchte ich mich für die Ratschläge und Hinweise bedanken, die mir im Verlaufe dieser Arbeit von Herrn Prof. Dr.-Ing. F. T ö l k e sowie von Herrn Direktor Dr. C a n a a n und seinen Mitarbeitern gegeben wurden.

Nichtstationäre Strömungen in Unterwasserstollen

Inhaltsverzeichnis

A. Einleitung
  I. Unterirdische Kraftwerke
  II. Unterwasserstollen
  III. Die nichtstationären Strömungen in Unterwasserstollen
  IV. Aufgabe der Untersuchungen

B. Unterteilung der Unterwasserstollen nach den stationären und nichtstationären Strömungen
  I. Allgemeine Gesichtspunkte
  II. 4 Grundtypen von Unterwasserstollen
  III. Weitere Unterwasserstollentypen

C. Unterwasserstollen als Freispiegelstollen – Schwall und Sunk
  I. Allgemeine Gesichtspunkte für Freispiegelstollen
  II. Schwall- und Sunkwellen in offenen Gerinnen
  III. Ableitung der allgemeinen Schwallformel
  IV. Modellversuche über Schwall und Sunk in Unterwasserstollen
  V. Vergleich zwischen Meßwerten und gerechneten Werten für Schwallwellen. Ermittlung der Schwallhöhen mittels Kurventafel
  VI. Untersuchung über die Verformung der Schwallwelle im Stollenprofil (Branden-Abflachung und Randaufwölbung-)
  VII. Zusammenfassung der Ergebnisse

D. **Unterwasserstollen im Grenzbereich vom Freispiegelstollen zum Druckstollen**
    I. Zweck und Umfang der Untersuchungen
   II. Modellversuche
  III. Lufteinschließungen in Stollen und ihre Auswirkungen beim stationären und nichtstationären Abfluß
   IV. Untersuchung über die Grenzlage des Unterwasserspiegels für Sunk und Druckstoß bei Scheitelbelüftung
    V. Zusammenfassung der Ergebnisse

E. **Unterwasserstollen mit Überschreitung des Grenzbereiches vom Freispiegelstollen zum Druckstollen**
    I. Allgemeine Gesichtspunkte
   II. Anwendung der Schwallkammern
  III. Bemerkung über den Einfluß der Öffnungszeit der Turbinen auf die Schwallhöhe
   IV. Über die Anwendung partial wirkender Wasserschlösser bei Entlastungsvorgängen in Unterwasserstollen

F. **Unterwasserstollen als Druckstollen ohne Wasserschloß**
    I. Allgemeines über Druckstollen ohne Wasserschloß
   II. Ermittlung der Unterdrücke an den Abschlußorganen in Unterwasserstollen
  III. Berechnung des Druckstoßes in Unterwasserstollen
   IV. Druckstollen mit großen Unterdrücken beim Abschluß - Abreißen der Wassersäule
    V. Zusammenfassung der Ergebnisse

G. **Zusammenfassung der gesamten Ergebnisse und daraus sich ergebende Erkenntnisse für die Anlage von Unterwasserstollen**

Nichtstationäre Strömungen in Unterwasserstollen

A. Einleitung

I. Unterirdische Kraftwerke (Kavernenkraftwerke)

Seit dem Bau der ersten unterirdischen Kraftanlage im Jahre 1907 sind bisher über 60 Kavernenkraftwerke in der ganzen Welt gebaut worden. Vor allem in Schweden, Italien, in der Schweiz und Frankreich ist diese Bauweise in einer laufenden Weiterentwicklung und stellt teilweise (z.B. in Schweden) die wesentlichste Bauart für Wasserkraftanlagen dar.

Wie unterschiedlich auch alle diese Anlagen in ihrer Lage, Größe, Bau- und Betriebsweise sind, sie haben aber immer dies gemeinsam, daß sie jeweils die wirtschaftlichste Lösung an ihrem besonderen Standort darstellen. Dabei dürfte die Frage der Sicherheit gegen Luftangriffe bisher von untergeordneter Bedeutung gewesen sein.

Grundsätzlich unterscheidet man bei Kavernenkraftwerken zwischen Ober- und Unterwasseranlagen (auch als schwedische und italienische Bauweise bezeichnet).

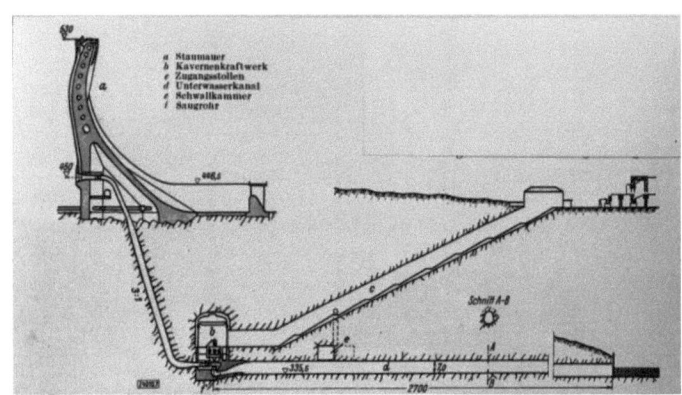

Abb. 1 Beispiel für die schwedische Bauweise

Bei der schwedischen Bauweise hat man den Vorteil einer kurzen Zuleitung zu der Turbine und dabei meistens die Ersparnis von Wasserschloßanlagen bzw. Druckrohrleitungen. Dafür wird der Unterwasserstollen oft sehr lang.

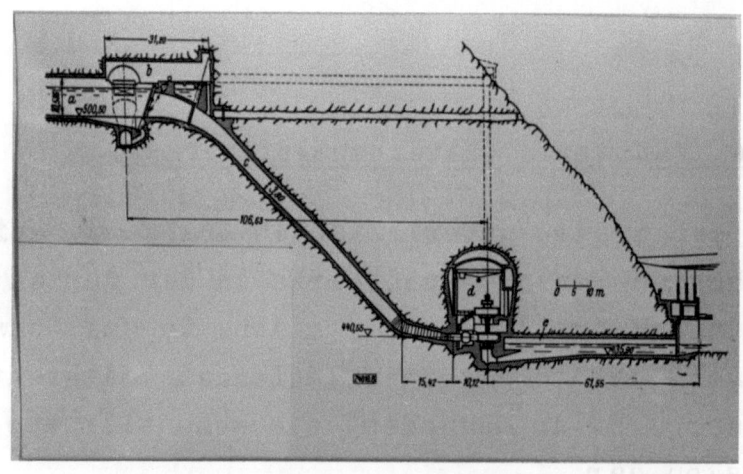

Anlage Pontei im Aosta-Tal, Italien
Abb. 2 Beispiel für die italienische Bauweise

Bei der italienischen Bauweise ist die Zuleitung zum Krafthaus lang und erfordert entweder eine Panzerung gegen Druckstöße oder ein Wasserschloß. Dafür hat man den Vorteil eines kurzen Unterwasserstollens und in den meisten Fällen auch eines kurzen Zuganges zum Krafthaus.

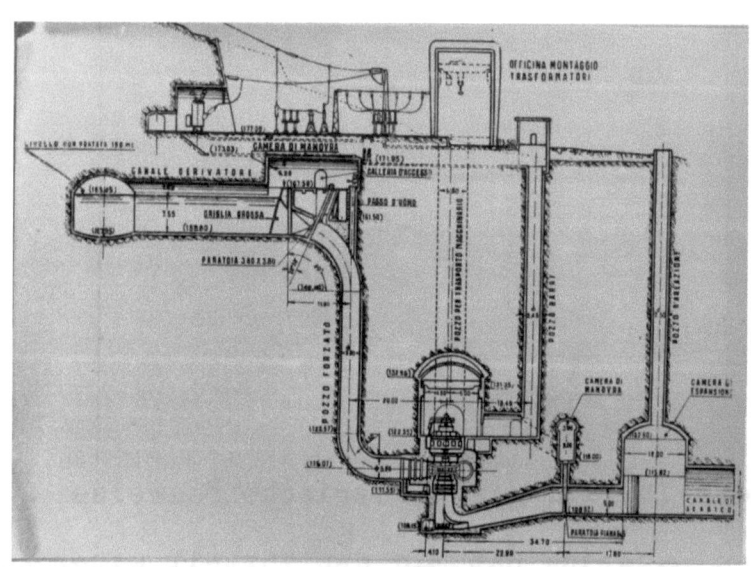

Abb. 4 Anlage Monte Argento, Italien
Unterwasserstollen mit Wasserschloß

Zwischen diesen beiden Grundtypen von unterirdischen Kraftwerken liegen die verschiedenen Variationen von Bauweisen (Abb.3,

4, 5), die auf Grund der örtlichen Verhältnisse, hydraulischen und wirtschaftlichen Belange bestimmt werden.

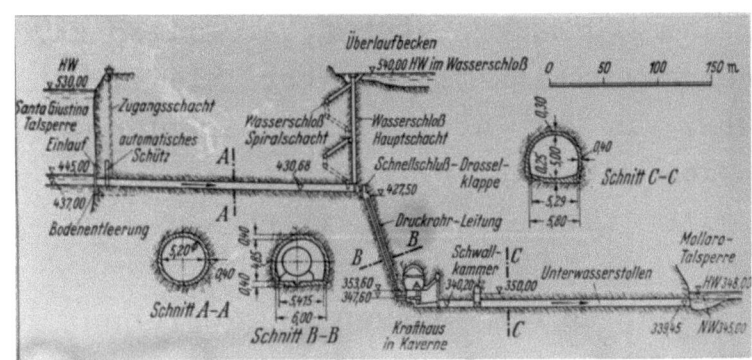

Abb. 3 Kraftwerksanlage Santa Giustina, Italien
Unterwasserstollen mit Schwallkammer

In derselben Anordnung und Bauweise ist auch die Anlage von reinen Pumpspeicherwerken möglich, wie dies z.B. bei der schweizer. Anlage Palue und der italien. Anlage Coghinas geschehen ist [26][1]

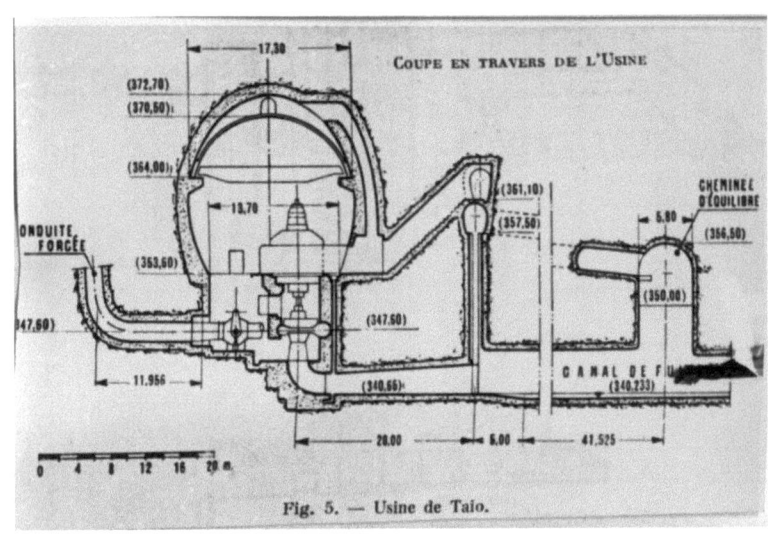

Abb. 5 Kraftwerksanlage Taio
Wasserschloß mit oberer Kammer

II. Unterwasserstollen

Zur wirtschaftlichen Rechtfertigung unterirdischer Kraftwerke ist der Unterwasserstollen einer der wichtigsten, wenn nicht sogar der wichtigste Bestandteil. [26][1]

---

[1] Die im Verlauf dieser Arbeit erscheinenden Zahlen in eckiger Klammer [] geben die lfd. Nummer im Literaturnachweis an.

Diese Feststellung wird durch die Tatsache erhärtet, daß bei vielen großen Anlagen die Unterwasserstollen z.T. erhebliche Längen (bis zu 20 km) und Abmessungen (Durchmesser bis 20 m) haben.

Die Ausführung und Größe der Unterwasserstollen wird immer abhängig sein von der generellen Planung der Anlage, von den geologischen Verhältnissen, von der Turbinenart (Reaktions- oder Freistrahlturbine), von den Unterwasserverhältnissen (stark schwankender, freier Abfluß oder Stausee), von der Größe der Betriebsschwankungen u.s.w.

Man ersieht hieraus, daß im Gegensatz zu offenen Unterwasserkanälen die Projektierung von sehr vielen Faktoren abhängt und damit viel stärker die Kosten der Gesamtanlage beeinflußt.

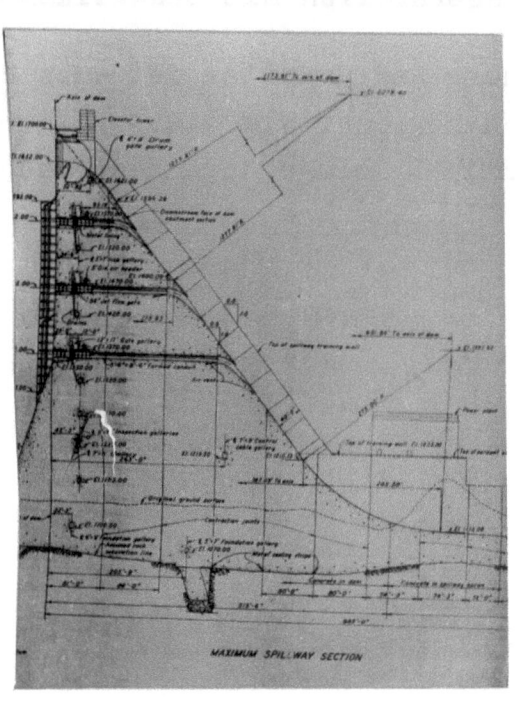

Abb. 6 Querschnitt durch den Bhakra-Damm, Indien

Um den Begriff der Unterwasserstollen zu vervollständigen, wird darauf hingewiesen, daß dieselben hydraulischen Gesichtspunkte und Probleme wie bei den oben beschriebenen Kraftwerkstollen ebenso bei den Auslässen von Talsperren (z.B. Tiefschützen, siehe Abb. 6), bei Stollen, Rohrleitungen für Abwasser, Wasserversorgungsleitungen unterhalb sonstiger Abschlußorgane (z.B. Drosselklappen, Ringschieber, Rückschlagklappen u.s.w.) in Betracht kommen.

Vom hydraulischen Standpunkt aus wird man bei der Planung von Unterwasserstollen grundsätzlich klare, eindeutige Lösungen anstreben. Entweder wird ein reiner Freispiegelstollen vorgesehen, der auch die größten Schwallwellen aufnimmt, oder man wählt einen Druckstollen mit oder ohne Wasserschloß.

In vielen Fällen aber sind diese eindeutige Lösungen nicht möglich, besonders auf Grund der örtlichen Gegebenheiten und Bedingungen des Betriebes, sowie wirtschaftlicher Überlegungen.

III. Die nichtstationären Strömungen in Unterwasserstollen

Eine bereits oberflächliche Betrachtung der hydraulischen Vorgänge in einem Unterwasserstollen zeigt, daß die nichtstationären Strömungen (Schwall, Sunk, Druckstoß, Wasserschloßschwingungen), die durch die Reguliertätigkeit der Turbinen bzw. Pumpen und durch die Öffnungs- bzw. Schließvorgänge der Abschlußorgane hervorgerufen werden, gerade für die Wahl eines bestimmten Grundtypes von Unterwasserstollen und dessen Dimensionierung eine erhebliche Rolle spielen.

In technischer Hinsicht ist es notwendig, für alle Fälle einen stoßfreien Turbinenbetrieb und keine Überbeanspruchung der Stollenwände bzw. sonstigen Abschlußorgane zu gewährleisten. Zugleich aber muß sowohl für den Bau des Stollens als auch den Betrieb ein wirtschaftliches Optimum angestrebt werden.

Unter diesen Gesichtspunkten ist es besonders wichtig, die hydraulischen Vorgänge, vor allem die nichtstationären Strömungen, in einem Unterwasserstollen zu kennen. Erst dann wird man bei der Planung von Unterwasserstollen bei Berücksichtigung der Wirtschaftlichkeit auch Lösungen zustimmen können, die von der technischen Seite gesehen eine Kompromißlösung bedeuten.

IV. Aufgabe der Untersuchungen

Die vorangegangenen Betrachtungen zeigen, daß für die Planung und Berechnung von Unterwasserstollen eine genaue Kenntnis der nichtstationären Strömungen von Bedeutung ist.

Für die normalen nichtstationären Vorgänge (Schwall, Druckstoß, Wasserschloßschwingungen) gibt es die bekannten und zum größten Teil in der Literatur eingehend behandelten Berechnungsmethoden. Auf diese wird im Rahmen dieser Arbeit nur soweit eingegangen, als es das Verständnis und die Ableitungen der hier entwickelten Formeln erfordern. Die allgemeinen Gedankengänge und Ableitungen werden als bekannt vorausgesetzt.

<u>In dieser Arbeit soll vor allem untersucht werden, welche
Ausgangs- und Zwischenzustände beim stationären und nichtstationären
Abfluß in einem Unterwasserstollen auftreten können und wie sich in
diesen verschiedenen Zwischenzuständen die jeweiligen nichtstationären Vorgänge auswirken.</u>

Damit ergeben sich hydraulische Fragestellungen und Probleme, wie:

Verhalten einer Schwall- und Sunkwelle in einer Stollenkalotte,
Verformungen des Schwalles, Auswirkungen von Lufteinschließungen
in einem Druckstollen, der Druckstoß in einem Wasser-Luft-Gemisch,
Abreißen einer Wassersäule u.s.w.

Für die praktische Anwendung bei der Anlage von Unterwasserstollen
ergaben sich folgende Fragen:

Belüftung von Stollen, Stollenlänge, Belüftungsventile, Profil- und
Füllhöhe, Größe der Druckstöße und Gesichtspunkte zur Verminderung
gefährlicher Drücke, Berechnung von Schwallkammern, Unterdrücke
unterhalb einer Turbine beim Abschalten u.s.w.

B. Unterteilung der Unterwasserstollen nach den stationären und nichtstationären Strömungen

I. Allgemeine Gesichtspunkte

Um alle nichtstationären Vorgänge in Unterwasserstollen
erfassen zu können, ist es notwendig, sich darüber klar zu werden,
welche Grundtypen von Unterwasserstollen generell geplant werden
und wie diese durch die Unterwasserverhältnisse oder durch nichtstationäre Strömungen verändert werden. Erst mit Kenntnis dieser
Zwischenzustände kann geprüft werden, ob in diesen Bereichen die
bekannten Berechnungsmethoden für die nichtstationären Vorgänge
Gültigkeit haben, und wie sie gegebenenfalls verändert werden.

II. Vier Grundtypen von Unterwasserstollen

Diese hier angeführten Typen sind eindeutige, klare
Lösungen unter Berücksichtigung der nichtstationären Strömungen.

1. Der Unterwasserstollen als reiner Freispiegelstollen (Abb.7)

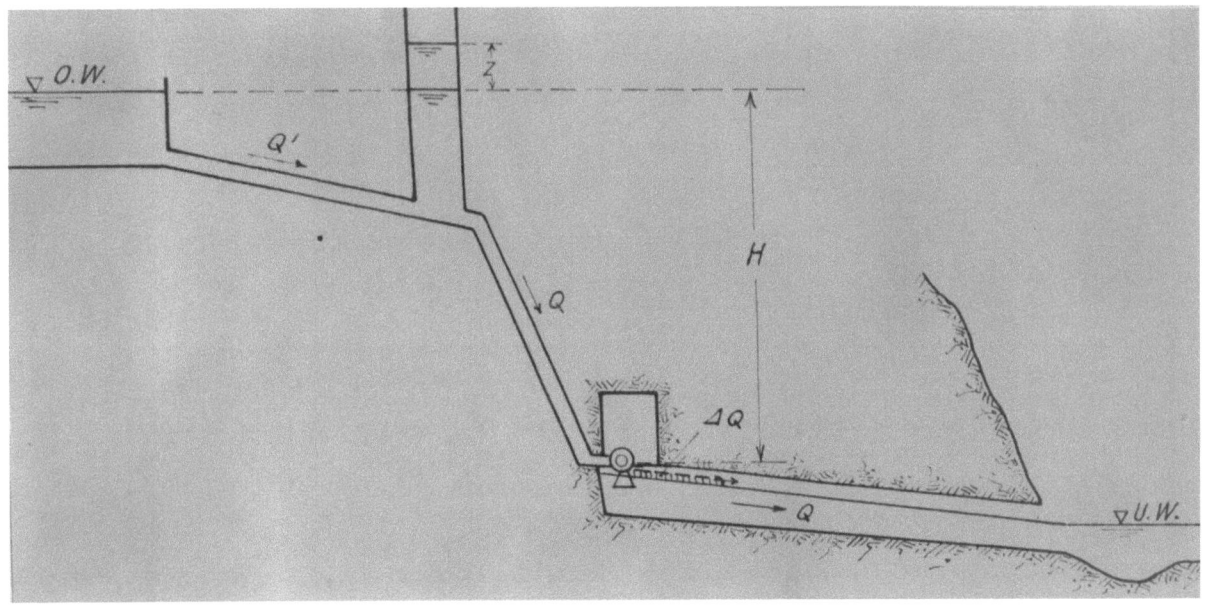

Freier Auslauf des Stollens z.T. mit stärkerem Gefälle. Große Abmessungen des Profils, da die Schwallwellen den Scheitel nicht berühren dürfen. Größtenteils auch freier Ablauf des Unterwassers mit geringen Wasserspiegelschwankungen.

2. Unterwasserstollen unter Druck mit einem Wasserschloß auf der Unterwasserseite. (Abb.8)

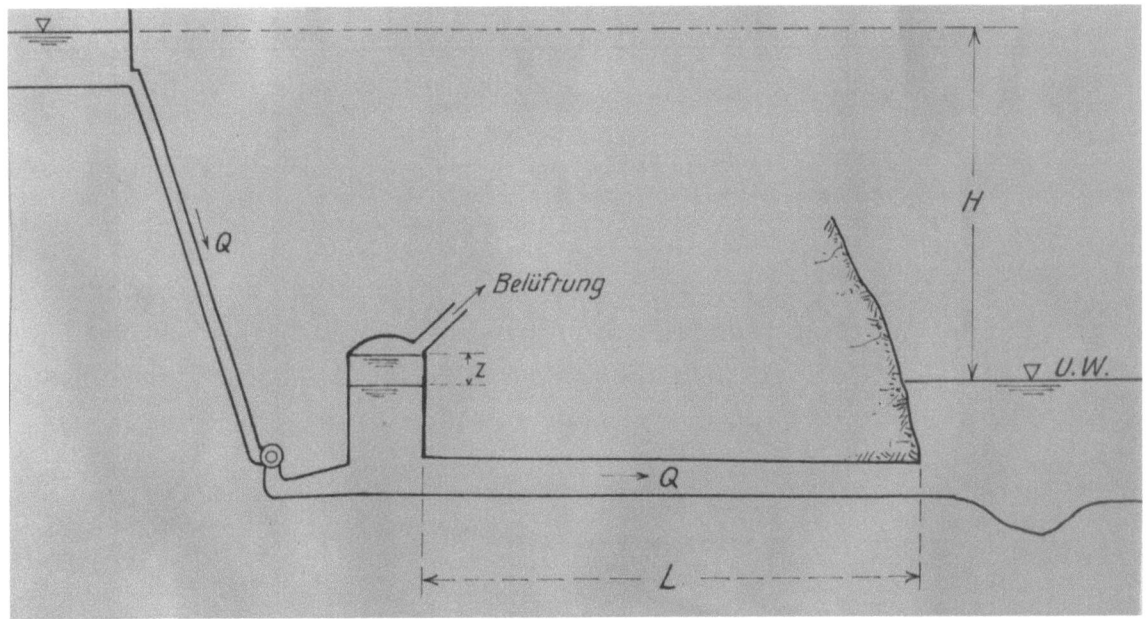

Bei kurzer Zuleitung (schwedische Bauweise) kann das Wasserschloß im Oberwasser fehlen.

3. Unterwasserstollen unter Druck mit je einem Wasserschloß auf der Oberwasser- und Unterwasserseite (Abb.9)

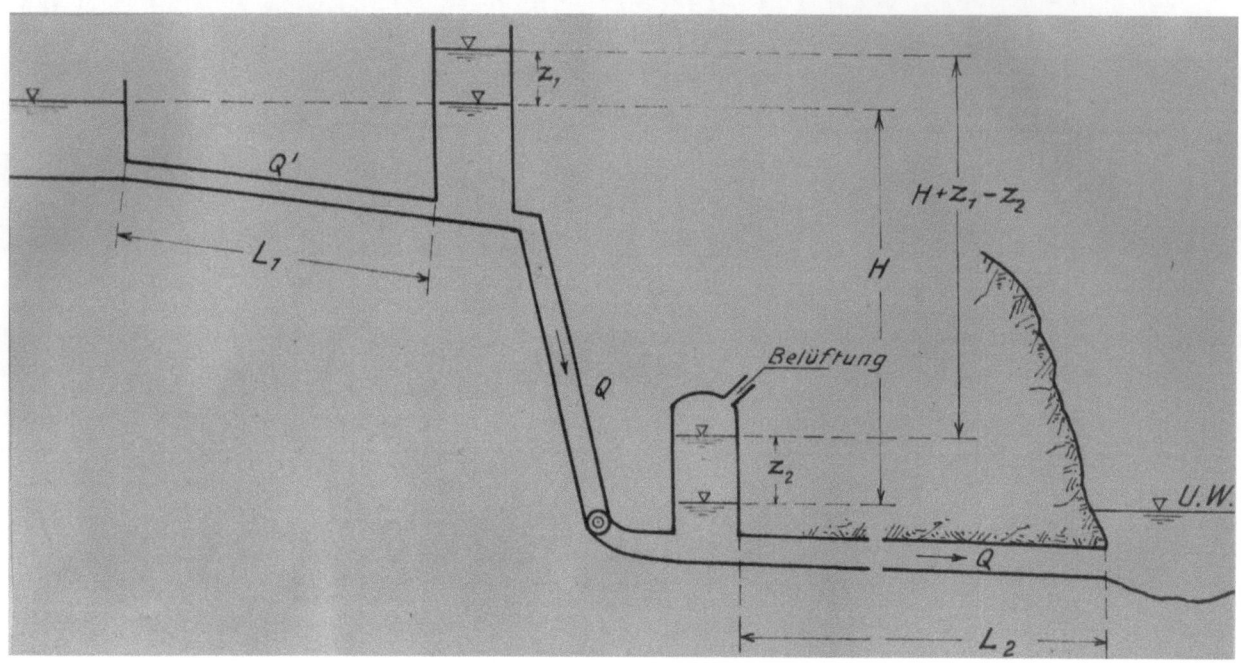

Dieses System von Wasserschlössern muß sehr genau konstruiert und untersucht werden, damit nicht Schwingungsüberlagerungen und -anfachungen entstehen können.
Im Rahmen dieser Arbeit wird dieses Problem nicht behandelt. Es wird auf die diesbezügliche, umfangreiche Literatur verwiesen.

4. Unterwasserstollen unter Druck ohne Wasserschloß (Abb.10)

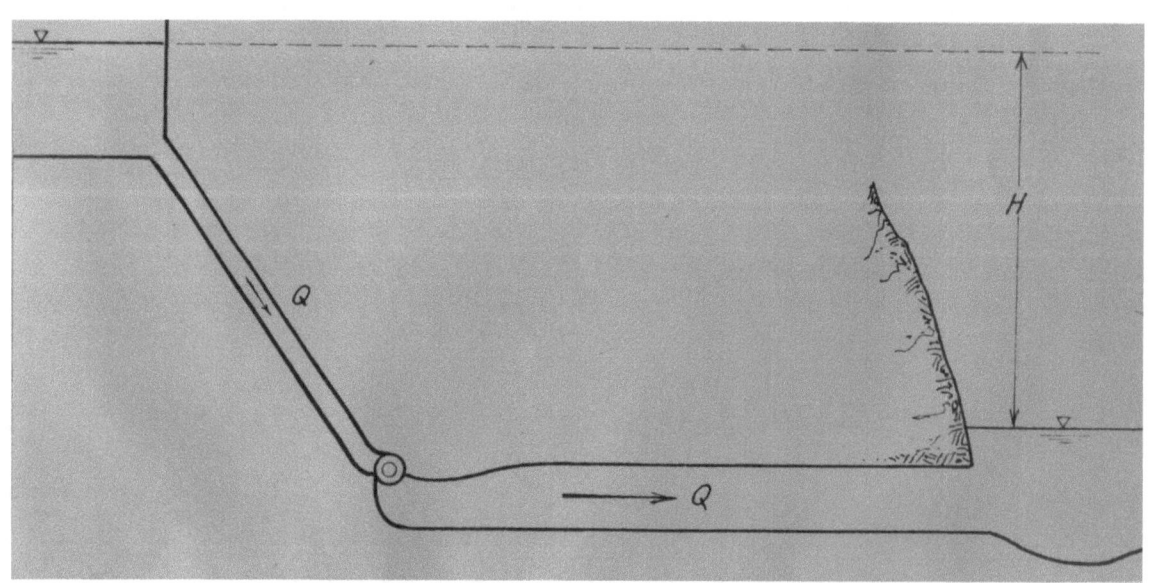

Nur bei geringer Stollenlänge und entsprechenden Öffnungs- und Schließzeiten kann der Druckstollen ohne Wasserschloß ausgeführt werden.

III. Weitere Unterwasserstollentypen

Auf Grund örtlicher Verhältnisse (Höhenlage des Stollens, Profil, Unterwasser) und wirtschaftlicher Forderungen (optim.Profil, Ersparnis von Wasserschloßanlagen usw.) wird in den meisten Fällen eine eindeutige Lösung, wie sie unter den vier Grundtypen aufgeführt ist, nicht möglich sein. In diesem Falle können folgende Zwischentypen zur Anwendung kommen:

1. Unterwasserstollen als Freispiegelstollen mit Schwallkammern (Partial wirkendes Wasserschloß)(Abb.11)

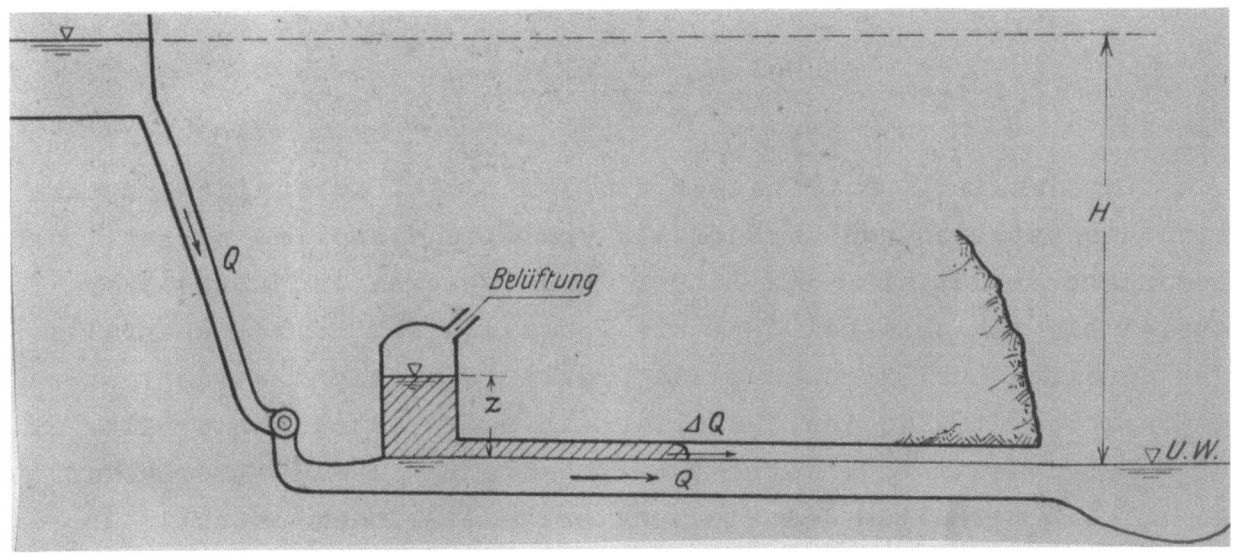

Im stationären Abfluß wirkt dieser Stollen als Freispiegelstollen, ebenso auch bei kleineren Regulierschwallwellen. Bei größeren Schwallwellen wird der Scheitel erreicht, und es wird ein Teil der ankommenden Wassermengen in den Schwallkammern aufgenommen.

Die allgem. Methode zur Berechnung von Wasserschloßschwingungen ist hier offensichtlich nicht mehr anwendbar, es ergeben sich vielmehr zu Untersuchung verschiedene Punkte:

    a) Stabilitätsbedingungen nach Thoma
    b) Dimensionierung der Schwallkammern
    c) Belüftung
    d) Lufteinschließungen im Stollen.

2. Freispiegelstollen im Grenzbereich zum Druckstollen (Abb.12)

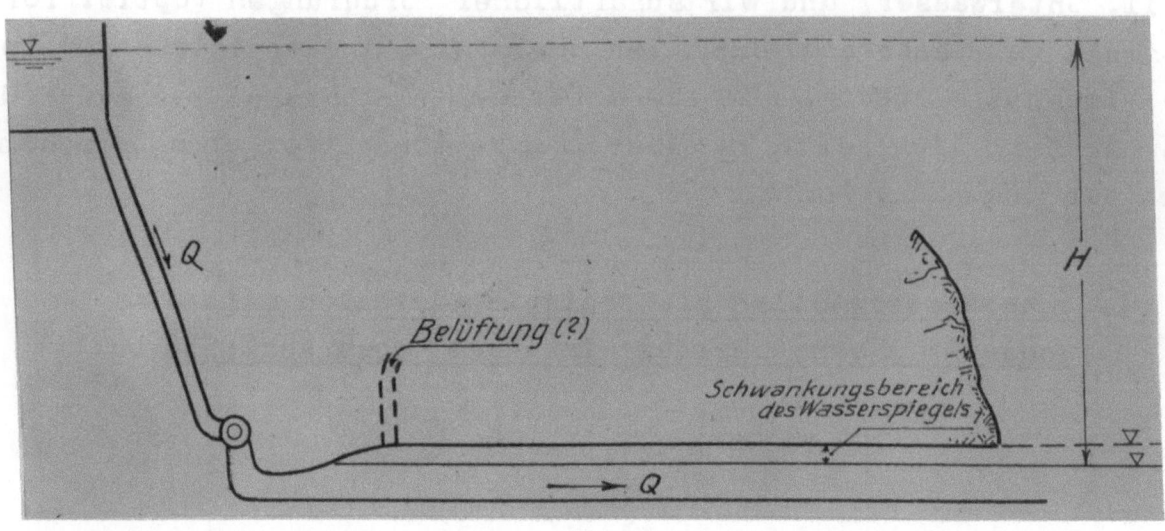

Im Normalfall soll dieser Stollen sowohl im stationären als auch nichtstationären Bereich als Freispiegelstollen wirken. Durch besondere Verhältnisse (z.B. der Wasserspiegel im Unterwasser steigt bis zum Scheitel oder die Schwallwellen füllen ebenfalls den Scheitel aus) kann aber die Grenzlage erreicht werden, in welcher der Stollen den Charakter eines Druckstollens erhält.

Dabei tritt eine Reihe von Fragen auf, die zu untersuchen sind, z.B. Verhalten des Stollens bei plötzlichem Abschluß in diesem Grenzbereich, Einfluß einer Scheitelbelüftung, Verhalten der Schwallwellen im Scheitelbereich.

3. Freispiegelstollen mit Überschreitung des Grenzbereiches (Abb.13)

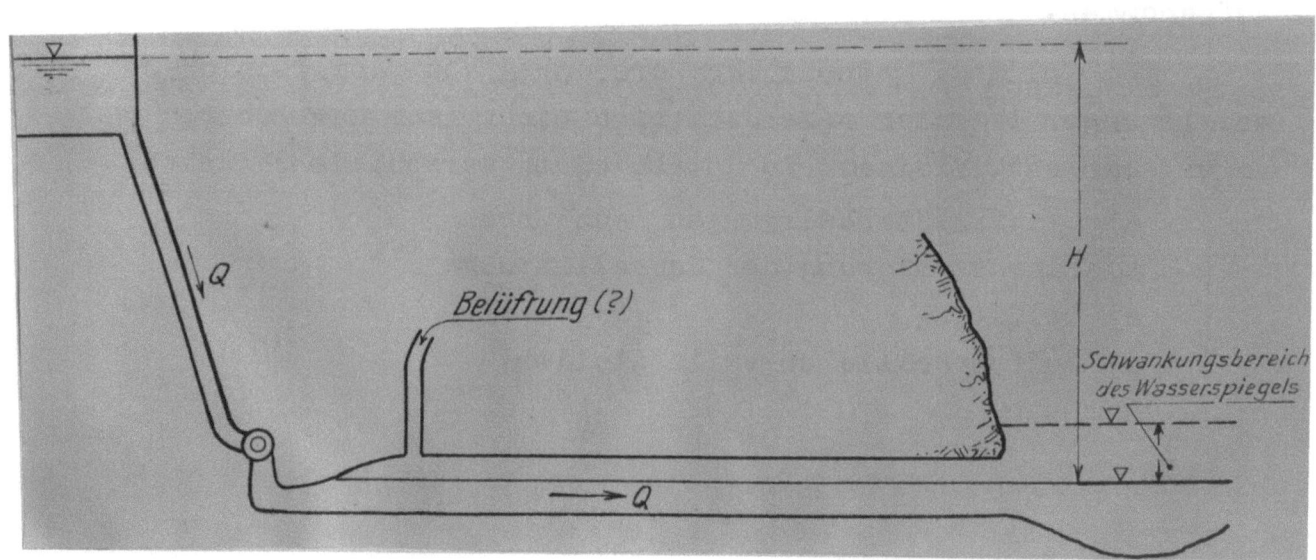

Der im Normalfall ebenfalls als Freispiegelstollen wirkende Ablauf kann durch vorübergehende, kurzfristige Wasserspiegelerhebungen im Unterwasser als Druckstollen funktionieren.

Wichtig ist dabei die Frage, wie sich nach Überschreitung des Grenzbereiches die nichtstationären Vorgänge auswirken. Ferner ist das Verhalten von Lufteinschließungen im Stollen bei den nichtstationären Vorgängen von besonderer Bedeutung.

4. Druckstollen ohne Wasserschloß, aber mit Belüftung (Abb.14)

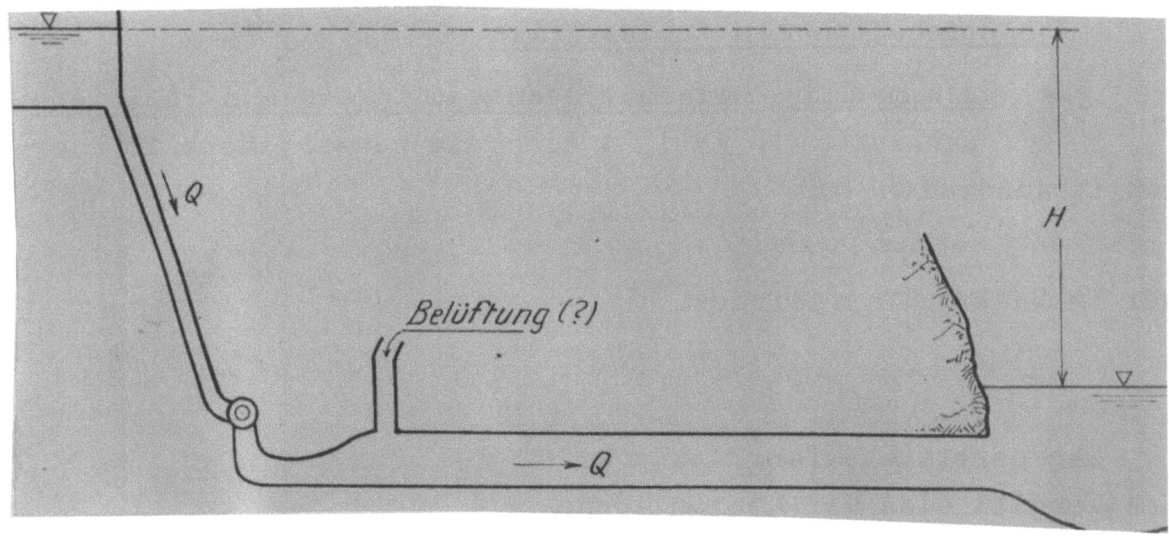

Bei relativ kurzen Auslaufstollen kann unter Umständen das Wasserschloß eingespart werden. Da aber bei Unterwasserstollen die Gefahr des Abreißens der Wassersäule bereits bei Unterdrücken von - 7 m sehr groß ist, muß eine Belüftung hinter dem Abschlußorgan vorgesehen werden. Die mit dieser Frage verbundenen Probleme werden in dieser Arbeit eingehend behandelt.

C. Unterwasserstollen als Freispiegelstollen - Schwall und Sunk

I. Allgem. Gesichtspunkte für Freispiegelstollen

1. Anlage von Freispiegelstollen und günstigstes Profil

Die Anlage von Freispiegelstollen für Unterwasserausläufe wird immer dann in Frage kommen, wenn es die örtlichen Verhältnisse erfordern (Höhenlage des Stollens, tiefer gelegenes Unterwasser). Ferner werden Freispiegelstollen gebaut werden, wenn die wirtschaftlichen Verhältnisse dies zulassen. (z.B. Schweden, Stollenausbruch für Dammschüttung.)

In vielen Fällen aber wird ein Vergleich zwischen einer Wirtschaftlichkeitsberechnung und den technischen und sonstigen

Belangen den Ausschlag dafür geben, ob ein Freispiegelstollen oder ein Druckstollen zur Anwendung kommt.

Für den Normalabfluß in einem Freispiegelstollen bildet der Kreisquerschnitt das hydraulisch günstigste Profil, der auch in statischer Hinsicht als günstige Form angesehen werden kann. Verschiedene praktische und örtliche Erwägungen können oft zu einer gewissen Änderung des Kreisprofils führen, ohne daß dabei aber die hydraulischen Verhältnisse und Gesichtspunkte wesentlich verändert werden.

2. Eigenschaften des Kreisprofils

a) Zusammenhang zwischen Geschwindigkeit und Fülltiefe

Nach der Abb. 15 läßt sich die Wasserfläche im Querschnitt ausdrücken mit

$$F = \frac{r^2}{2}\left(\frac{\varphi°\pi}{180°} - \sin\varphi\right)$$

oder im Bogenmaß ausgedrückt

$$F = \frac{r^2}{2}(\text{arc}\,\varphi - \sin\varphi)$$

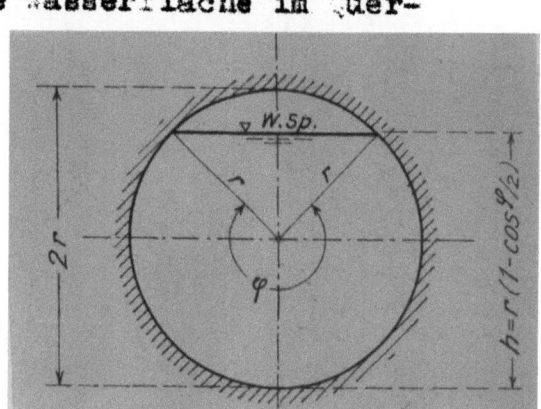

Der benetzte Umfang ist $p = r\,\text{arc}\,\varphi$
Damit ergibt sich der hydraulische Radius R:

$$R = \frac{F}{p} = \frac{r^2}{2}\cdot\frac{\text{arc}\,\varphi - \sin\varphi}{r\,\text{arc}\,\varphi} = \frac{r}{2}\left(1 - \frac{\sin\varphi}{\text{arc}\,\varphi}\right)$$

für $\varphi = 180°$ ($t = r$) u. $\varphi = 360°$ wird $\sin\varphi = 0$ und daher $R = \frac{r}{2}$

d.h. im Kreisprofil ist die Geschwindigkeit bei halber und voller Füllung gleich groß.

Es ist wichtig, festzustellen, bei welcher Fülltiefe r und damit v seinen größten Wert erreicht, welcher zwischen halber und voller Füllung liegen muß.

Dies ist der Fall bei $\frac{dR}{d\varphi} = 0$

Man erhält nach der Differentiation für einen Füllwinkel von 257° eine Fülltiefe von $h = 0,8128 \cdot d$, bei der v ein Maximum wird.

b) Zusammenhang zwischen Wassermenge und Fülltiefe

Nach analogen Untersuchungen der Formel $Q = c\sqrt{R\cdot J}\cdot F$ erhält man für Q_{max} eine Fülltiefe von

$$t = 0,9472 \cdot d \quad \text{bei einem Füllwinkel } \varphi = 308°.$$

3. Die nichtstationären Strömungen in Freispiegelstollen

Auf Grund der vorhergehenden Untersuchungen sind einige wesentliche Gesichtspunkte für die Auswahl und Größe des Profils von Freispiegelstollen gegeben. Nicht berücksichtigt wurde bisher der Einfluß der nichtstationären Bewegungen d.h. von Schwall und Sunk. Es soll daher in den folgenden Abschnitten untersucht werden, inwieweit rechnerisch diese Erscheinungen erfaßt und bei der Festsetzung der Profilabmessungen berücksichtigt werden können und müssen. Diese Frage erscheint vor allem deshalb wichtig, weil die hydr. günstigste Stollenfüllung (für v_{max} und q_{max}) sehr in der Nähe des Scheitels liegt und damit die Größe und Verformung des Schwalles einen wesentlichen Einfluß auf die Abflußart des Freispiegelstollens ausüben kann.

II. Schwall- und Sunkwellen in offenen Gerinnen

1. Allgem. Betrachtung und Begriffbestimmungen

Bevor das Verhalten von Schwall- und Sunkwellen in Stollenprofilen untersucht wird, soll die Erscheinung dieser Vorgänge in offenen Gerinnen und ihre Bezeichnungen kurz behandelt werden.

Die beim Regulieren der Turbinen oder Betätigen von Abschlußorganen entstehenden Wassermengenschwankungen rufen dementsprechende Hebungen bezw. Senkungen des Wasserspiegels hervor, die allgem. als positiver und negativer Schwall (Schwall und Sunk) bezeichnet werden.

Allgemein unterscheidet man zwischen flußaufwärts und flußabwärts wanderndem Schwall. Der positive, flußaufwärts wandernde Schwall entsteht durch teilweises oder vollständiges Schließen einer Turbine oder eines Abschlußorganes (Stauschwall).

Der flußabwärts wandernde Schwall wird als Füllschwall bezeichnet und entsteht durch teilweises oder vollständiges Öffnen einer Turbine bzw. Abschlußorganes.

Die Schwallwellen können - wie dies auf den Abb. der Tafeln 3-5 zu ersehen ist - verschiedene Erscheinungsformen haben. Grundsätzlich kann man unterscheiden zwischen einer brandenden Kopfwelle und einer glatten Kopfwelle mit nachfolgenden Reaktionswellen.

In einer Untersuchung im Abschnitt VI werden die Erscheinungsformen und Verformungen von Schwallwellen in einem Stollenprofil behandelt.

Ebenso wie beim positiven kann auch bei dem negativen Schwall (Sunk) zwischen flußaufwärts und flußabwärts wanderndem unterschieden werden.

Der negative, nach oben wandernde Schwall wird als Entnahmesunk bezeichnet. Er entsteht durch Öffnen der Turbinen und hat eine stark abgeflachte Front, da die oberen Wasserteilchen die größere Geschwindigkeit besitzen.

Der flußabwärts wandernde Sunk wird als Absperrsunk bezeichnet. Er entsteht durch Schließen der Turbinen bzw. des Abschlußorganes.

2. Erklärung der Bezeichnungen

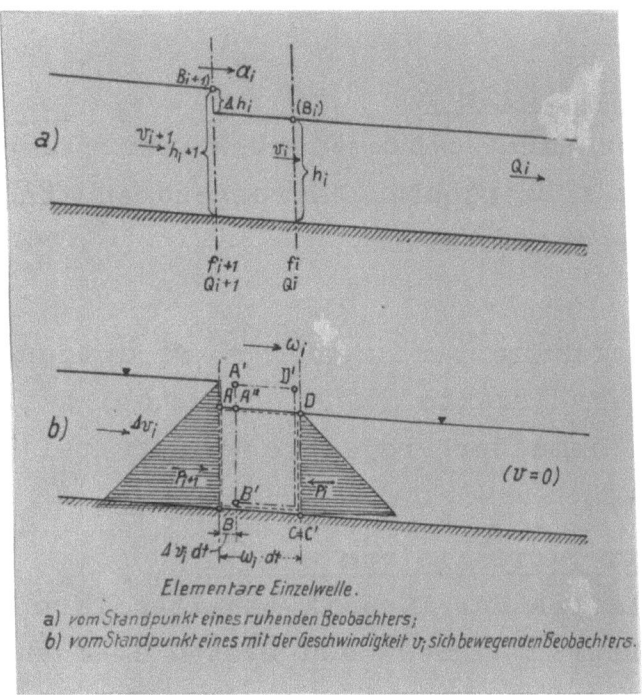

Abb. 16

Querschnitt   i: h_i, B_i, F_i, v_i, Q_i

"   i+1: h_{i+1}, B_{i+1}, F_{i+1}, v_{i+1}, Q_{i+1}

Es ist:

a = Absolutgeschwindigkeit des Schwalles

ω = Relativgeschwindigkeit des Schwalles

$a_i = v_i + \omega_i$ $\qquad\qquad \omega_i = a_i - v_i$

Δh_i = Schwallhöhe

Bem.: Wegen der später verwendeten Zeitdifferentiale dt wird hier für Wassertiefe und Schwallhöhe h bzw. Δh verwendet.

Ferner ist:

$\Delta v_i = v_{i+1} - v_i$

$\Delta F_i = F_{i+1} - F_i$

$\Delta Q_i = Q_{i+1} - Q_i$

3. Theoretische Grundlagen zur Berechnung des Schwalles

Die nachstehenden Betrachtungen und Ableitungen beruhen auf 2 Grundsätzen der Hydromechanik und einem Fundamentalsatz der Mechanik:

a) Prinzip der Kontinuität

Das Volumen eines nicht zusammendrückbaren Flüssigkeitsteilchens, das zur Betrachtung herangezogen wird, bleibt während der Bewegung konstant.

b) Impulssatz

Die zeitliche Änderung der Summe der Projektionen der Bewegungsgrößen aller Elemente auf eine beliebige feste Achse X ist gleich der Summe der Projektionen der Kräfte auf die nämliche Achse.

c) Das Relativitätsprinzip von Newton

Die Fundamentalsätze der Dynamik behalten ihre Gültigkeit, wenn man vom ursprünglichen Bezugsystem übergeht zu einem anderen System, das sich gegenüber dem ersten geradlinig und gleichförmig fortbewegt.

Man kann also auf Grund dieses Prinzips den Impulssatz für einen Beobachter aufstellen, der sich geradlinig und gleichförmig im Raum bewegt.

Voraussetzungen und Bedingungen für die Schwallformel

Die nachfolgenden Beziehungen und Ableitungen sind für eine eindeutig definierte und konstante Wassermenge abgeleitet. Vorausgesetzt wird ferner, daß die Sohlenneigung J_s sehr gering ist, d.h. $\cos J_s$ und $\cos^2 J_s \sim 1$.

Die Berechnung soll gültig sein für einen Stollen mit konstantem oder beliebig veränderlichem Querschnitt und beliebigem Gefälle. Die Schwallwelle kann sich einem Ruhe- oder Beharrungszustand überlagern. Als Anfangszustand kann auch ein nichtpermanenter Abfluß in Frage kommen.

III. Ableitung der allgemeinen Schwallformel für eine elementare Einzelwelle in einem Stollen

Um die späteren Untersuchungen der Schwallformel für Stollenprofile und Überprüfung der Werte richtig zu verstehen, wird hier zunächst in kurzer Form die allgemein bekannte Ableitung der Schwallformel gebracht.

Zur Zeit t_i hat das Wasserelement ABCD die in der Abb. 16 eingezeichnete Form, nach dt befindet es sich in A'B'C'D', d.h. ein Teil der ankommenden Geschwindigkeit wird in Hubarbeit umgesetzt.

1. **Kontinuitätsgleichung**

    ABCD = A'B'C'D'   oder   ABB'A'' = A'A''D'D'

    d.h.

    $(F_i + \Delta F_i) \Delta v_i \, dt = \Delta F_i \, \omega_i \, dt \;/\; :dt$

    $F_i \Delta v_i + \Delta F_i \Delta v_i = \Delta F_i \, \omega_i$

    $\Delta v_i (F_i + \Delta F_i) = \Delta F_i \, \omega_i$

    $$\Delta v_i = \frac{\Delta F_i \cdot \omega_i}{F_i + \Delta F_i} \tag{1}$$

2. **Impulssatz**

    a) Bewegungsgröße

    $\dfrac{\gamma}{g} F_i \, \omega_i \, dt \, \Delta v_i \;/\; :dt$

    $= \dfrac{\gamma}{g} F_i \, \omega_i \, \Delta v_i$

    b) Äußere Kräfte

    $+P_{i+1} - P_i = \Delta P_i$

    $\Delta P_i = \gamma F_i \Delta h_i + \Delta W$

    $\Delta W =$ Wasserdruck auf Schwallwelle

    Der Impulssatz lautet somit:

    $$\frac{\gamma}{g} F_i \, \omega_i \, \Delta v_i = \Delta P_i = \gamma F_i \Delta h_i + \Delta W \tag{2}$$

    Aus (1) und (2) erhält man:

    $\dfrac{\gamma}{g} F_i \, \omega_i \, \dfrac{F_i \, \omega_i}{F_i + \Delta F_i} = \gamma F_i \Delta h_i + \Delta W$

    und hieraus:

    $$\omega_i = \pm \sqrt{g \left(\frac{F_i \Delta h_i}{F_i} + \frac{\Delta W'}{\Delta F_i} + \Delta h_i + \frac{\Delta W'}{F_i} \right)} \tag{3}$$

$\Delta W'$ ist nach der vorseitigen Definition der Wasserdruck auf die Schwallwelle und ergibt sich als Produkt der Fläche ΔF_1 und ihrem Schwerpunktsabstand e vom Schwallspiegel. (siehe Abb.17)

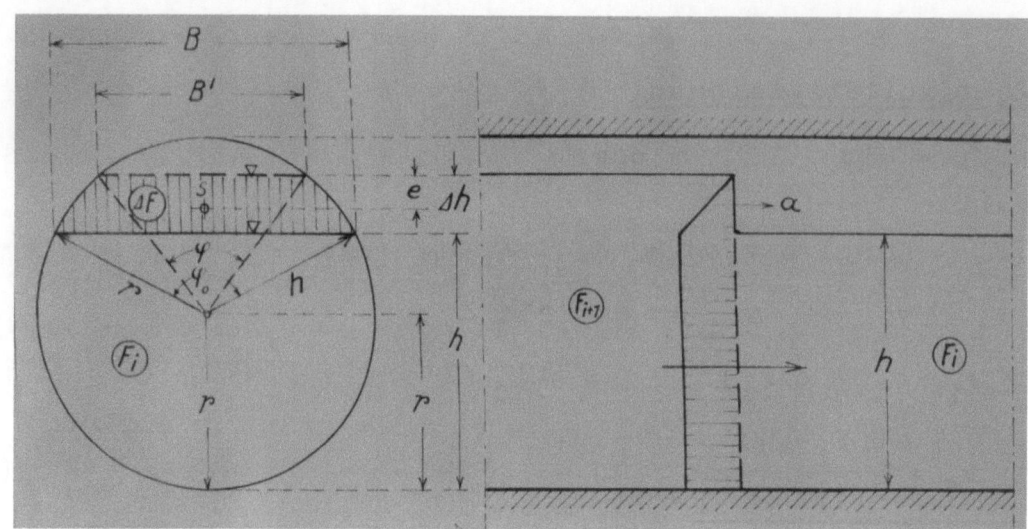

Da in dieser Arbeit die Anwendung der Schwallformeln auf Stollen untersucht werden soll, kann auf eine weitere Erläuterung und Vereinfachung der Formeln für offene Gerinne mit beliebigen Querschnitten verzichtet werden.

Für kreisförmige Querschnitte ergibt sich der Schwerpunktabstand e:

$$e = h + \Delta h - r - \frac{B^3 - B'^3}{12 \cdot \Delta F}$$

(ΔF = Differenz zweier Kreisabschnitte)

Die Absolutgeschwindigkeit des Schwalles beträgt:

$$a_i = v_i \pm \sqrt{g \left(\frac{F_i \Delta h_i}{F_i} + \frac{\Delta W'}{\Delta F_i} + \Delta h_i + \frac{\Delta W'}{F_i} \right)} \qquad (4)$$

Eine Vereinfachung der Formel läßt sich durch folgende sehr gute Näherung erreichen:

$$\Delta W = B_m \cdot \frac{\Delta h^2}{2} \qquad \Delta F = B_m \cdot \Delta h \qquad B_m = \text{mittlere Schwall- bzw. Sunkbreite}$$

(5)

(5) in (3) eingesetzt erhält man:

$$c_i = \pm \sqrt{g \left(\frac{F_i}{B_m} + \frac{3}{2} \Delta h_i + \frac{B_m \Delta h_i^2}{2 F_i} \right)} \qquad (6)$$

Für kleine Wellenhöhen kann das 3. Glied der Wurzel vernachlässigt werden.

In Abschnitt V werden die Formeln (3) und (6) mit den Meßergebnissen verglichen und ihre Gültigkeitsbereiche für das Stollenprofil abgegrenzt.

Auf Grund der Kontinuitätsgleichung für den Schwall

$$\Delta Q = a \cdot \Delta F$$

erhält man zur Berechnung der Schwallhöhe Δh

$$\Delta h = \Delta Q / a \cdot B_m \qquad (7)$$

worin $a = v \pm \sqrt{\ldots}$ bedeutet

B_m ist zunächst mit einem ersten Wert für ein geschätztes Δh einzusetzen.

Die im Abschnitt V) ermittelte und dargestellte Kurventafel erspart diese Wiederholungsrechnung.

IV. Modellversuche über Schwall und Sunk in Unterwasserstollen

1. Zweck und Umfang der Versuche

Durch die Versuche sollte grundsätzlich untersucht werden, in welcher Größe und Form Schwall- und Sunkwellen in einem Stollen erzeugt werden. Vor allem sollte damit auch eine Überprüfung der üblichen Schwallformeln durchgeführt werden. Damit ergab sich die Notwendigkeit, bei verschiedenen Ausgangswerten Schwall- und Sunkwellen zu erzeugen und diese zu registrieren. Außerdem sollten die besonderen Erscheinungsformen und Veränderungen der Schwallwellen im Bild festgehalten und diskutiert werden.

2. Beschreibung des Modells
(siehe Blatt 1 und Tafel 1 u.2)

Der Zulauf zur Versuchstrecke bestand aus einer Rohrleitung ⌀ 200 mm, die direkt am Hochbehälter angeschlossen war. Mit einem Schieber ⌀ 200 mm konnte am Beginn der Versuchstrecke die zufließende Wassermenge reguliert werden. Im Anschluß daran befand sich ein Venturi-Rohrstück als Übergang zu der anschließenden Rohrleitung mit einem ⌀ 150 mm, welches gleichzeitig als Wassermengenmeßeinrichtung diente. Dieses den Oberwasserdruckstollen darstellende Rohr ⌀ 150 mm wurde durch eine Drosselklappe abgeschlossen. Der anschließende Auslauf (Saugschlauch) zum Unterwasserstollen bestand aus einem 1,0 m langen konischen Betonstück (⌀ 150 - ⌀ 200mm). Im Scheitel war am Ende ein Belüftungsrohr (⌀ 20 mm) angebracht. Zur Sichtbarmachung der Strömungsvorgänge wurde 1,0 m des folgenden Unterwasserstollens durch ein Plexiglasrohr ⌀ 200 mm dargestellt. Daran schloß sich eine 29 m lange Rohrleitung (⌀ 200 mm) an. Diese mündete in ein kleineres Staubecken, dessen Wasserstände je nach Bedarf durch eine Stauvorrichtung reguliert werden konnten. Über einen Absturz wurde das Wasser zur genauen Wassermengenmessung einem Dreiecksmeßwehr zugeführt.

3. Meßeinrichtung

Unmittelbar hinter dem Abschlußorgan sowie in verschiedenen Querschnitten des konischen Saugrohres (s.Abb.2) befanden sich Druckmeßstutzen, die mit einer Meßharfe - bestehend aus 10 Piezometerrohren - verbunden waren. Die beim Öffnen und Schließen entstehenden Drücke konnten damit beobachtet werden. Zur Registrierung der Schwall- und Sunkwellen diente ein Lichtpunktlinienschreiber (Bauart Hartmann & Braun). Als Geber wurden 2 Stabelektroden unterhalb des Plexiglasrohres senkrecht zum Rohr angebracht (s.Bild 1). Da sich mit dem veränderlichen Wasserspiegel im Rohr auch der elektr. Widerstand des Wassers ändert, ergeben sich bei der Registrierung dementsprechend verschiedene Widerstandswerte. Diese werden über eine Meßeinrichtung mit verschiedenen Widerständen und Regulierpotentiometer auf den Lichtpunktlinienschreiber übertragen und auf lichtempfindlichem Papier registriert.

Zwecks genauer Auswertung der Schwall- und Sunkdiagramme wurde auf die Meßstreifen außerdem noch eine Zeitmarke übertragen (Intervalle von einer halben Sek.).

Durch die Zwischenschaltung geeigneter Widerstände konnte die Eichkurve nahezu linear gehalten werden. Lediglich kurz vor Erreichen des Scheitels erhielt die Kurve eine geringe Neigung nach unten, die aber bei der Auswertung ohne Schwierigkeit berücksichtigt werden konnte.

Ein neben den Elektroden angebrachtes Wasserstandsrohr diente zur Eichung der Meßeinrichtung und ebenso vor jedem Versuch zur Vergleichsmessung für den Ausgangswasserspiegel.

Zur Registrierung der am Abschlußorgan und im Saugrohr entstehenden Drücke bzw. Unterdrücke wurde kurz unterhalb der Drosselklappe (s.Bild 1) ein Maihak - Indikator angeschlossen. Die Druckmessung wird bei diesem Gerät über Kolben und Federn auf mechanischem Wege durchgeführt. Zur Aufzeichnung der Druckschwankungen wird eine Wachspapierrolle mit veränderlichem Vorschub verwendet. Gleichzeitig wurde auch hier eine Zeitmarke mitübertragen, die mit der des Linienschreibers gekuppelt war. Beide Zeitmarken waren außerdem mit zwei Kontaktgebern am Hebel der Drosselklappe verbunden, so daß je nach Schaltung die Zeitmarken vor bzw. nach dem Öffnungs- bzw. Schließvorgang unterbrochen wurden.

4. Die Versuche und ihre Ergebnisse

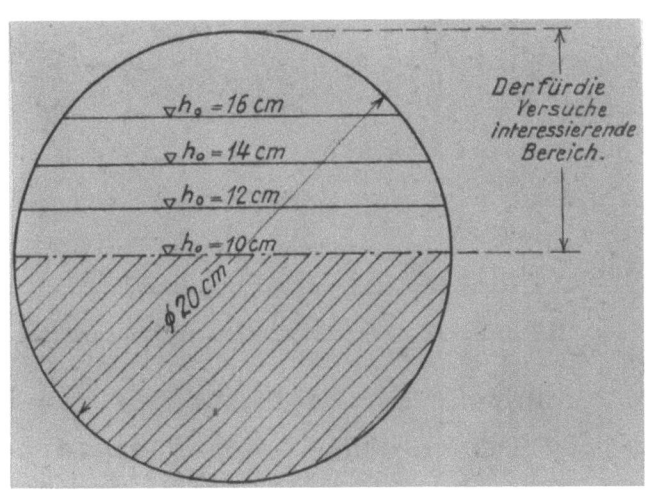

Wie die nebenstehende Abb. 18 zeigt, wurden systematisch bei bestimmten Ausgangswassertiefen und veränderlichen Wassermengen Schwall- und Sunkwellen erzeugt. Dabei wurde Aussehen und Form dieser Wellen genau beobachtet und fotografiert. Außerdem wurde durch den Lichtpunktlinienschreiber Größe und Schnelligkeit der Schwall- bzw. Sunkwellen registriert. Grundsätzlich waren dabei alle Schwalle reine Füllschwalle, d.h. die Wassermenge wurde dem ruhenden Wasserspiegel unterhalb zugegeben. In den meisten Fällen wurde der Öffnungs- bzw. Schließvorgang plötzlich durchgeführt.

Ergebnisse:

a) An Hand der fotografischen Aufnahme und der Diagramme wird die Erscheinungsform von Schwall und Sunk im Unterwasserstollen auf den im Anhang vorhandenen Tafeln besprochen.

b) Die Überprüfung der gemessenen Werte mit den Rechenwerten ergab folgendes Bild (s.Bl.6):

Bei Schwallwellen im mittleren Bereich des Kreisprofils stimmen die gemessenen und gerechneten Werte für die Schwallhöhe sehr gut überein. Im oberen Teil der Kalotte dagegen zeigen sich starke Streuungen der Meßwerte, die im wesentlichen über den Rechenwerten liegen. Eine Gesetzmäßigkeit in der Größenordnung läßt sich dabei nicht erkennen. Durch die Beobachtung der im oberen Kreisprofil stattfindenden Reformation der Welle wird diese Schwallerhöhung bestätigt.

Eine gleiche Untersuchung für Sunkwellen entfällt, da diese größenmäßig immer unter der Schwallhöhe liegen und eine Verformung im Sinne der Schwallwelle nicht auftritt.

c) Wie bereits in a) und b) erwähnt, ist die Erkenntnis über die Verformung der Schwallwelle ein wesentliches Ergebnis dieser Untersuchungen. <u>Die Aufwölbung des Schwallkopfes, wie diese Verformung genannt werden soll, kann vor allen Dingen einen augenblicklichen Teilabschluß bewirken und dadurch unter Umständen erhebliche Störungen im nichtstationären Abflußvorgang hervorrufen.</u>

V. Vergleich zwischen Meßwerten und Berechnung für Schwallwellen - Ermittlung der Schwallhöhen mittels Kurventafel

Während im Abschnitt III die Gleichungen zur Ermittlung der Schwallhöhen und -geschwindigkeiten angegeben sind, zeigten die Ergebnisse des Abschnittes IV, daß diese Werte zum Teil erheblich überschritten werden, ohne daß dafür eine Gesetzmäßigkeit bzw. ein bestimmter Prozentsatz angegeben werden könnte. Vor allem muß darauf hingewiesen werden, daß es noch zahlreicher Messungen an anderen Stollenprofilen bedarf, um über diese Schwallerhöhungen zahlenmäßige Angaben machen zu können. Dennoch soll versucht werden, an Hand einer graphischen Auftragung gerechneter und gemessener Werte über die Größe und vor allem die Schwankungen Aufschluß und Anhalt zu geben. Dabei sollen auch die Formeln (3) und (6) zur exakten bzw. angenäherten Schwallberechnung verglichen werden.

Um sich bei den Schwallberechnungen nicht der sehr umständlichen Formeln bedienen zu müssen, wurde eine Kurventafel aufgestellt (siehe Blatt 2). Die Grundgedanken bzw. Ableitungen sollen im nächsten Abschnitt in Kürze gezeigt werden.

1. Ermittlung einer Kurventafel zur exakten Schwallberechnung

Die vollständige Formel (3) für die Schwallgeschwindigkeit kann nach Umformung allgemein geschrieben werden:

$$\gamma F_0 \omega^2 \Delta F = g (\gamma F_0 \cdot \Delta h + \Delta S')(F_0 + \Delta F) \tag{8}$$

Im Sonderfall, wenn die Belastung von o an erfolgt (Füllschwall), gilt

$$\omega = a = \frac{\Delta Q}{\Delta F}$$

Weiter ist $F_0 + \Delta F = F$ und $\Delta S/\gamma$ ergibt sich als Produkt der Fläche ΔF und ihrem Schwerpunktsabstand e vom Schwallspiegel.

Nach Einsetzen folgt:

$$F_0 \Delta Q^2 = g \Delta F^2 \cdot F \cdot \left(\frac{F_0}{\Delta F} \cdot \Delta h + e\right)$$

$$\Delta Q = \Delta F \sqrt{g F \left(\Delta h + \frac{e}{F_0}\right)} \tag{9}$$

Zur Auswertung dieser exakten Formel für ein beliebiges Kreisprofil wird an Stelle der Schwallhöhe Δh die dimensionslose Größe $\zeta = \Delta h/r$ eingeführt. Dann ergibt sich aus obiger Formel eine für den speziellen Fall charakteristische Größe $\Delta Q/F_0 \sqrt{r}$, die sich im Koordinatennetz in Abhängigkeit von den Ausgangsverhältnissen im Profil (z.B. $F_0/B\,r$ oder besser h_0/r) mittels Parameter ζ = const. darstellen läßt und zwar allgemein für beliebige r, da im Ausdruck rechts außer g nur dimensionslose Verhältniszahlen auftreten.

$$\frac{\Delta Q}{F_0 \sqrt{r}} = \frac{F - F_0}{F} \sqrt{\frac{F}{F - F_0} \cdot \zeta + \frac{F}{F_0} \cdot \varepsilon} \cdot \sqrt{g}, \quad \text{wobei } \varepsilon = \frac{e}{r} \tag{10}$$

Nach der Abb. 17 gilt für das Kreisprofil:

$$\cos \frac{\varphi_0}{2} = \frac{h_0}{r} - 1$$

$$F = \frac{r^2}{2} \cdot (2\pi - \text{arc}\,\varphi + \sin \varphi)$$

Mit den Substitutionen

$$F_0 = 2\pi - \arc\varphi_0 + \sin\varphi_0$$

$$\phi = \frac{F}{F_0}$$

ist weiter

$$\varepsilon = \frac{a}{r} - \cos\frac{\varphi}{2} - \frac{4}{3}\frac{\sin\frac{3}{2}\varphi_0 - \sin\frac{3}{2}\varphi}{F_0(\phi-1)}$$

und endlich

$$\frac{\Delta Q}{F_0\sqrt{r}} = \sqrt{g\phi(\phi-1)\left[(\phi-1)\cdot\cos\frac{\varphi}{2} - \frac{4}{3F_0}\left(\sin\frac{3\varphi_0}{2} - \sin\frac{3\varphi}{2}\right)\right]} \qquad (11)$$

Die Wellengeschwindigkeit ist

$$a = \frac{\Delta Q}{\Delta F}$$

Entsprechend dem Kennwert $\Delta Q / F_0 \sqrt{r}$ wird als Parameter der Kurvenschar für die Schnelligkeit der Wert $a/\sqrt{r}$ gewählt.

$$\frac{a}{\sqrt{r}} = \frac{\Delta Q}{F_0\sqrt{r}} \cdot \frac{1}{\phi - 1} \qquad (12)$$

Mittels dieser Formeln wurden nun für alle Werte eines beliebigen Kreisprofils die erforderlichen Zahlenwerte ermittelt und in einer Kurventafel (Blatt 2) aufgetragen.

Aus dieser Tafel lassen sich ganz allgemein für alle Ausgangswerte eines beliebigen Kreisprofils die Schwallhöhen und -geschwindigkeiten mit einem Rechengang ablesen. Der Vorteil in der Anwendung dieser Tafel besteht darin, daß im Gegensatz zur analytischen Ermittlung nicht erst die mittlere Breite B_m geschätzt werden muß, was gerade im Kreisprofil nicht einfach ist und außerdem eine Wiederholungsrechnung erfordert. Ferner ist in dieser Tafel der Wert ΔW exakt berücksichtigt, entsprechend der Formel (3).

2. Vergleich der Meßwerte mit den Berechnungswerten

In Blatt 6 sind zum Vergleich für eine Fülltiefe von h = 14 cm die Ergebnisse der exakten Berechnungsformeln und die in den Modellversuchen ermittelten Werte aufgetragen.

Dabei kann folgendes festgestellt werden:
Die an Hand der vereinfachten Schwallformel mit Wiederholungsrechnung ermittelten Schwallwerte weichen nicht sehr stark von der exakten Ermittlung mittels der Kurventafel 2 ab. Auf Grund der wesentlich einfacheren Berechnungsweise ist selbstverständlich die Benützung der Kurventafel in jedem Fall vorzuziehen.

Die Kurve 3, die an Hand der vereinfachten Formel ohne eine Wiederholungsrechnung ermittelt wurde, zeigt, daß diese Berechnungsweise gerade im kritischen Scheitelbereich keine brauchbaren Werte liefert und aus diesem Grunde nicht anwendbar ist.

Die Meßpunkte liegen, wie dies bereits eingangs erwähnt wurde, sehr zerstreut über der Linie der berechneten Schwallwerte, ebenso bei den anderen Ausgangswassertiefen. Aus diesem Grunde ist es nicht möglich, eine Gesetzmäßigkeit oder einen bestimmten Prozentsatz für die Überschreitung der Rechenwerte anzugeben.
Es muß aber darauf hingewiesen werden, daß in Anbetracht der ungünstigen Verhältnisse bei einem Stollenabschluß bei der Berücksichtigung der maximalen Schwallhöhen ein Sicherheitszuschlag zu machen ist, da z.B. in dem vorliegenden Falle sogar eine Überhöhung des Schwalles um 25 % etwa stattfindet. Eine Schwallerhöhung bis über 50 % des berechneten Wertes scheint auf Grund der Versuchserfahrungen durchaus möglich.

VI. Untersuchung über die Verformung der Schwallwelle im Stollenprofil

1. Allgemeines

Die bereits aus der Anschauung bekannten und besonders bei diesen Modellversuchen gezeigten Erscheinungsformen einer Schwallwelle erfordern eine Klärung dieser Vorgänge. Grundsätzlich muß man dabei unterscheiden zwischen der Verformung der Welle in Fließrichtung (Branden-Abflachung) und senkrecht zur Fließrichtung (Aufwölbung).

2. Verformung der Schwallwelle in Fließrichtung (Brandung-Abflachung)

Auf Grund der Erscheinungsformen der Schwallwellen läßt sich folgendes darüber aussagen:

a) Die einzelnen Schwallköpfe haben das Bestreben, sich zu überholen. Bei Erreichen des davor befindlichen Schwallkopfes fällt die überholende Schwallwelle über, d.h. die Welle brandet. Bei genügender Entwicklungslänge löst sich der brandende Schwallkopf in einige sehr steile Schwallwellen auf. Beide Erscheinungen sind kennzeichnend für Branden.

b) Die nachfolgenden Schwallwellen haben eine geringere Geschwindigkeit als die vorhergehenden, d.h. die Welle flacht sich ab.

In den folgenden Untersuchungen soll nun festgestellt werden, in welchem Maße die oben angeführten Erscheinungsformen von dem Profil des durchflossenen Gerinnes, insbesondere des Stollens abhängig sind.

Es lassen sich zunächst folgende Kriterien aufstellen:

1. Brandung, wenn $a_{i+1} - a_i = \Delta a_i > 0$

2. Abflachung, wenn $a_{i+1} - a_i = \Delta a_i < 0$

Zur Ermittlung der Kriterien wird die vereinfachte Schwallformel verwendet

$$a = v + \sqrt{g\frac{F}{B}} \qquad (1)$$

Die Kontinuitätsgleichung lautet:

$$Q = a \cdot dF = (v + \omega)\, dF$$

Nun gilt aber $Q = vF$, $dQ = v \cdot dF + dv \cdot F$, also
$(v + \omega) dF = vdF + F dv$

$$dv = \frac{\omega dF}{F} \qquad (2)$$

Das Kriterium erhält man durch die Ableitung der absoluten Wellengeschwindigkeit nach der Wassertiefe bzw. der Schwallhöhe da/dh

$$da = dv + \sqrt{\frac{g}{2}} \cdot \sqrt{\frac{B}{F}} \frac{BdF - FdB}{B^2}$$

(2) eingesetzt erhält man:

$$da = \sqrt{\frac{g}{2}} \sqrt{\frac{F}{B}} \left(3 \frac{dF}{F} - \frac{dB}{B}\right) \qquad (3)$$

und da F und B Funktionen der Wassertiefe h sind:

$$\frac{da}{dh} = \sqrt{\frac{g}{4 F B^3}} \left(3 B \frac{dF}{dh} - F \frac{dB}{dh}\right) \qquad (4)$$

Damit ist das allgemeine Kriterium für Branden bzw. Abflachen gefunden:

$$K_r = 3B \cdot \frac{dF}{dh} - F \cdot \frac{dB}{dh} = 3B^2 - F \frac{dB}{dh} \qquad (5)$$

$K_r > 0$ = Branden
$K_r < 0$ = Abflachen

Anwendung der Kriterien auf verschiedene Profilformen

a) Trapezquerschnitt (Abb.20 u.21)

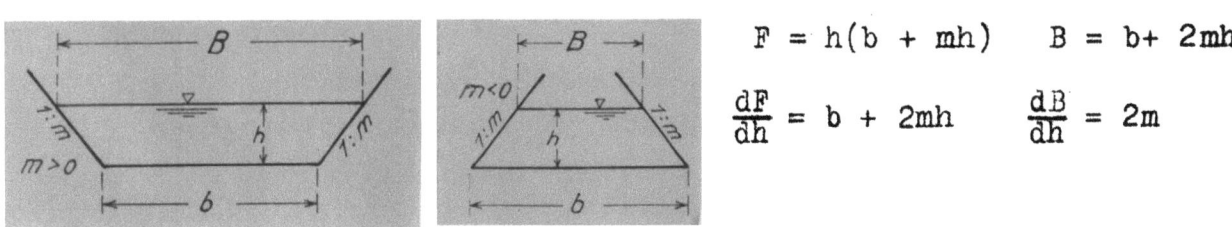

$F = h(b + mh)$ $B = b + 2mh$

$\frac{dF}{dh} = b + 2mh$ $\frac{dB}{dh} = 2m$

$\underline{K_r = 3(b + 2mh)^2 - h(b+mh)2m}$

Das Kriterium wird untersucht:
Für den Übergang vom Branden zum Abflachen gilt:

$K_r = 0 \qquad 3b^2 + 10\,bmh + 10\,m^2h^2 = 0$

$$m_o = -\frac{b}{2h} \pm \sqrt{\frac{b^2}{4h^2} - \frac{3b^2}{10h^2}}$$

$$m_o = +\frac{b}{2h}\left(-1 \pm \frac{1}{5}\right) \tag{6}$$

Es ergibt sich eine komplexe Lösung.

Für alle reellen (positiven und negativen) Werte von m gilt
jedoch $\qquad m^2 + b/h\, m + 3/10\,(b/h)^2 > 0 \tag{7}$
und damit auch $K_r > 0$

   Also erfolgt <u>immer Branden!</u>

b) <u>Gegliederter Querschnitt</u> (Abb. 22)

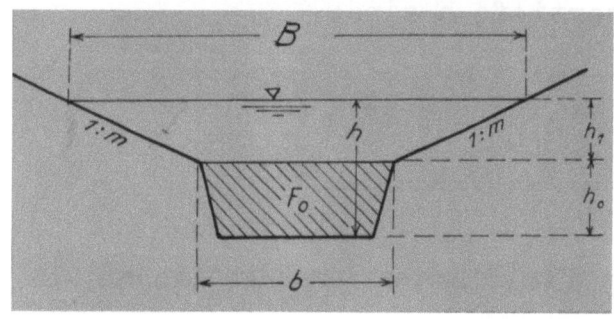

$F = F_o + h_1(b+mh_1)$
$B = b + 2mh_1$
$h = h_o + h_1$
$dh = dh_1$
$dF/dh = b + 2mh_1$
$dB/dh = 2m$

$K_r = 3(b + 2mh_1)^2 - (F_o + bh_1 + mh_1^2)\,2m$
$K_r = 3b^2 + 10\,bm_oh_1 + 10\,m_o^2 h_1^2 - 2m_o F_o = 0 \quad (\text{Übergang})$

hieraus erhält man schließlich nach Auflösung der quadr. Gleichung
und Einsetzen von $x = x'/2$, wobei $x = F_o/10\,b\,h_1$ bedeutet
(d.h. letztlich ist $x = F_o/5\,b\,h_1$):

$$m_o = b/2h_1\left[(x-1) \pm \sqrt{(x-1)^2 - 1{,}2}\right] \tag{8}$$

Der Übergang vom Branden zum Abflachen ist möglich, wenn der
abgeleitete Ausdruck für m_o reell ist. Für das Profil muß demnach
gelten

$(x-1)^2 > 1{,}2$ eingesetzt $(F_o - 5bh_1)/5bh_1^2 > 6/5$
$F_o > bh_1(5 + 30) \tag{9}$

<u>Wird also F_o größer als der obige Wert, dann erfolgt Abflachen der
Schwallwelle.</u>

Beispiel: $F_o = 20 bh_1$ $x=4$

d.h F_o ist größer der kritische Wert von (9), die Welle müßte abflachen.

$m_o = b/2h_1 (3 \pm 7,8)$

$m_{o1} = 2,895 \, b/h_1$ $m_{o2} = 0,105 \, b/h_1$

Durch Einsetzen dieser m_o-Werte kann bewiesen werden, daß für die Böschungsneigungen innerhalb der Grenzen

$$0,105 \, b/h_1 > m > 2,895 \, b/h_1$$

bei $F_o = 20 \, bh_1$ Abflachen des Schwallkopfes erfolgt.

Das Beispiel hat gezeigt, daß allgemein bei jedem gegliederten Querschnitt für bestimmte Böschungsneigungen 1:m der Schwallkopf sich abflacht, wenn $F_o > bh_1 (5 + 30)$ ist.

c) **Kreisprofil** (siehe Abb.17)

$$B = 2r \sin \frac{\varphi}{2}$$

$$h = 2r (1 - \sin^2 \frac{\varphi}{4}) = 2r \cos^2 \frac{\varphi}{4}$$

$$F = r^2/2 \, (2\pi - \text{arc}\,\varphi + \sin\varphi)$$

$dB/d\varphi = 2r \cos \frac{\varphi}{2} \cdot \frac{1}{2} = r \cos \frac{\varphi}{2}$

$dh/d\varphi = 2r \cdot 2 \cos \frac{\varphi}{4} (-\sin \frac{\varphi}{4}) \cdot \frac{1}{4} = -\frac{r}{2} \sin \frac{\varphi}{2}$

$dF/d\varphi = r^2/2 \, (\cos\varphi - 1)$

$dB/dh = -2 \, \text{ctg} \frac{\varphi}{2}$ $dF/dh = -r \frac{\cos\varphi - 1}{\sin \frac{\varphi}{2}} = +2r \sin \frac{\varphi}{2} = B$

$K_r = 3 \cdot 4 \, r^2 \sin^2 \frac{\varphi}{2} + 2 \, \text{ctg} \frac{\varphi}{2} \cdot \frac{r^2}{2} (2\pi - \text{arc}\,\varphi + \sin\varphi)$

$1/r^2 \cdot K_r = \text{ctg} \frac{\varphi}{2} (2\pi - \text{arc}\,\varphi) + \frac{\sin\varphi}{\text{tg} \frac{\varphi}{2}} + 12 \sin^2 \frac{\varphi}{2}$

$\qquad = \text{ctg} \frac{\varphi}{2} (2\pi - \text{arc}\,\varphi) 2 + 10 \sin^2 \frac{\varphi}{2}$

oder besser:

$$\frac{1}{r^2} \cdot K_r = \text{ctg} \frac{\varphi}{2} (2\pi - \text{arc}\,\varphi) + \sin\varphi \left(\frac{1}{\text{tg} \frac{\varphi}{2}} + 6 \, \text{tg} \frac{\varphi}{2} \right)$$

und man erhält:

$$\frac{1}{r^2} K_r = c_4 \frac{y}{2}(2\pi - \arccos\varphi) - \int\cos\varphi + ? \tag{10}$$

Damit ist das Kriterium für das Kreisprofil gefunden.

Für alle Werte von $\varphi(\frac{\pi}{2}, \pi \text{ u. } \frac{3}{2}\pi)$ ergibt das Kriterium Werte > 0 d.h. **Branden!**

Die Untersuchung zeigt, daß in einem Kreisprofil bei allen Fülltiefen der Schwall stets branden wird.

d) **Parabelförmige Böschung** (Abb. 23)

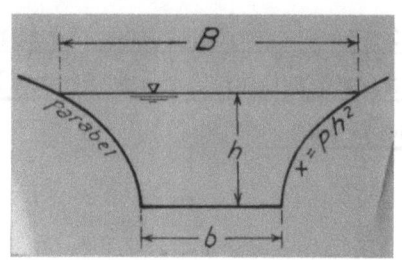

$B = b + 2ph^2$
$F = h(b + 2/3\ ph^2)$
$dB/dh = 4ph$
$dF/dh = b + 2ph"$

eingesetzt erhält man

$$K_r = 3b^2 + 8pbh^2 + 28/3\ p^2 h^4 > 0 \tag{11}$$

Für alle reellen p-Werte ist $K_r > 0$, d.h. bei allen parabelförmigen Böschungen wird der Schwall stets branden.

3. Verformung der Schwallwelle senkrecht zur Fließrichtung (Randaufwölbung)

In dem vorhergehenden Abschnitt wurden die Erscheinungen des Brandens und Abflachens einer Schwallwelle untersucht. Es handelte sich dabei um Veränderungen der Schwallwelle in Fließrichtung, die von den besonderen Bedingungen des durchflossenen Profils abhängen.

In diesem Abschnitt soll die Verformung der Schwallwelle senkrecht zur Fließrichtung in der Kalotte des Stollens untersucht werden. In den Abbildungen auf den Tafeln 4, 6, 7 ist diese Verformung, die als Randaufwölbung bezeichnet werden soll, zu sehen.

Zur Betrachtung dieser Vorgänge ist es notwendig, sich einer anderen Ableitung des Schwalles zu bedienen. Diese Ableitung beruht auf der allgemeinen Gleichung des geraden, zentralen,

elastischen Stoßes: (Abb. 24)

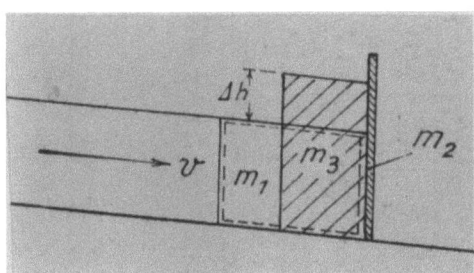

Die beim Stoß elastischer Massen freiwerdende Energie beträgt:

$$\Delta E = \frac{1}{2} \frac{m_1 \cdot m_2}{m_1 + m_2} \left(v_1^2 + v_2^2 \right)$$

Die Energie kann beim Wasser (als ideale Flüssigkeit betrachtet) nicht in Molekulararbeit umgesetzt werden, sondern kann sich nur in einer Deformation der Wasserteilchen äußern.

In dem hier betrachteten Fall wird das Wasserelement gehoben, d.h. die Energie wird für m_3 in Hubarbeit umgesetzt.

Da $m_2 = \infty$ zu setzen ist, ergibt sich mit $(v_1 - v_2) = \Delta v$

$$\Delta E = \frac{1}{2} m_1 \Delta v^2$$

Mit dieser Energie wird nun die Hubarbeit $m_3 \cdot g \cdot \frac{\Delta \ell}{2}$ geleistet.

$$\frac{1}{2} m_1 \Delta v^2 = m_3 \cdot g \cdot \frac{\Delta \ell}{2}$$

Jedes Wasserteilchen im Querschnitt kommt mit einer bestimmten Geschwindigkeit an, besitzt also beim Stau eine ganz bestimmte - der Geschwindigkeit entsprechende - Energie. Allgemein ist nun die Geschwindigkeitverteilung im Stollenprofil nicht gleich, sondern entspricht der bekannten Charakteristik mit der max. Geschwindigkeit in der Mitte des Querschnittes. Infolgedessen werden sich auch bei der gleichzeitig einsetzenden Hebung der Wasserteilchen unterschiedliche Hub- bzw. Druckhöhen einstellen. Im normalen Bereich des Stollens (z.B. bei halber Füllung) tritt ein augenblicklicher Druckausgleich ein und es stellt sich die für den Schwall errechnete Höhenlage ein.

Anders verhält sich dieser Vorgang im Bereich der oberen Kalotte:

Die nebenstehende schematische Darstellung (Abb.25) soll diesen Vorgang erläutern:

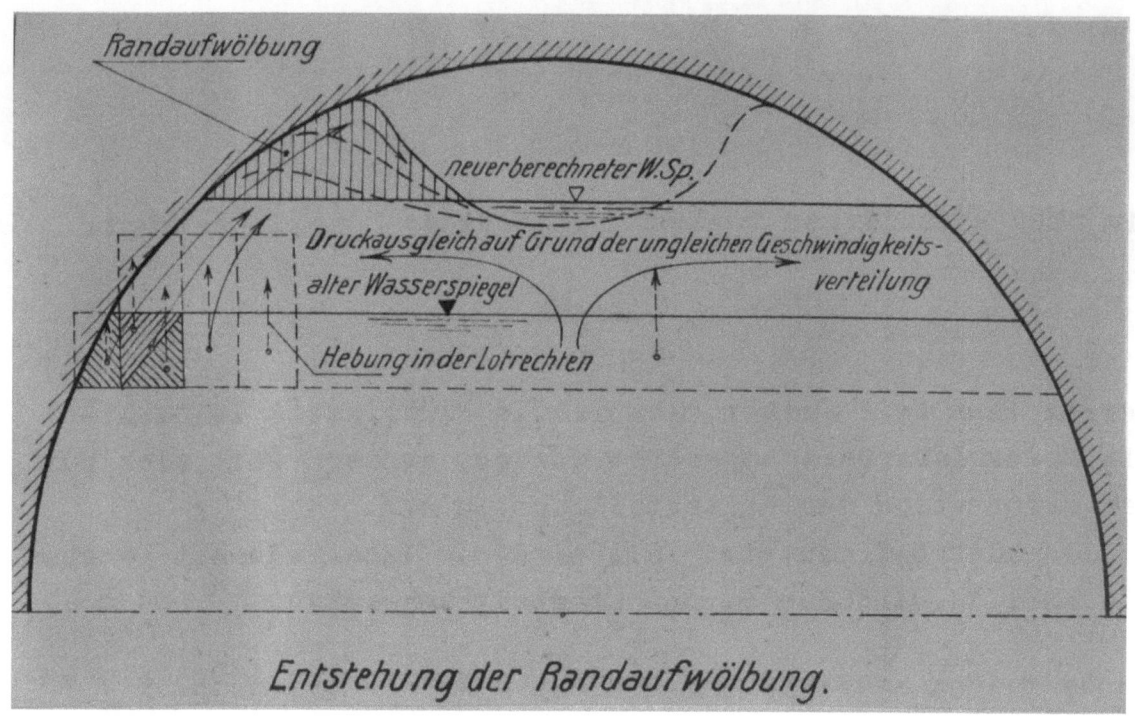

Abb. 25

Die Wasserelemente werden entsprechend der Geschwindigkeitsverteilung (Druckausgleich von innen nach außen) gehoben. Die Elemente an den Rändern können aber auf Grund der oberen Begrenzung nicht nach oben gehoben werden, sondern werden entlang der Wand hochgeführt. Der in diesem Augenblick über den ganzen Querschnitt erfolgende Druckausgleich verursacht eine Kraftwirkung von innen nach außen, die ebenfalls die an den Wänden hochgeführten Wasserteilchen zusätzlich hebt. Dadurch wird die gesamte Schwallwelle an den Rändern aufgewölbt, wie dies auf den Bildern 5, 9, 10, 11, 12 zu sehen ist. Erst dann erfolgt der Druckausgleich, d.h. die Wasserteilchen an den Rändern fließen zur Mitte hin zusammen (s.Abb.26) und bewirken dort ein Zusammenschlagen und daraufhin ein erneutes gedämpftes Aufwölben an den Rändern.

Durch diesen Vorgang wird im Stollen eine zum Teil erhebliche

Schwingungswelle erzeugt, die sich über die ganze Stollenlänge ausdehnen kann.

Für die Größe der Aufwölbung läßt sich kein exakter Wert ermitteln, da sich das Zusammenwirken der einzelnen Vorgänge nicht erfassen läßt. Die Streuung der Meßwerte in diesem Bereich zeigt, daß für die Aufwölbungswerte keine Gesetzmäßigkeit existiert

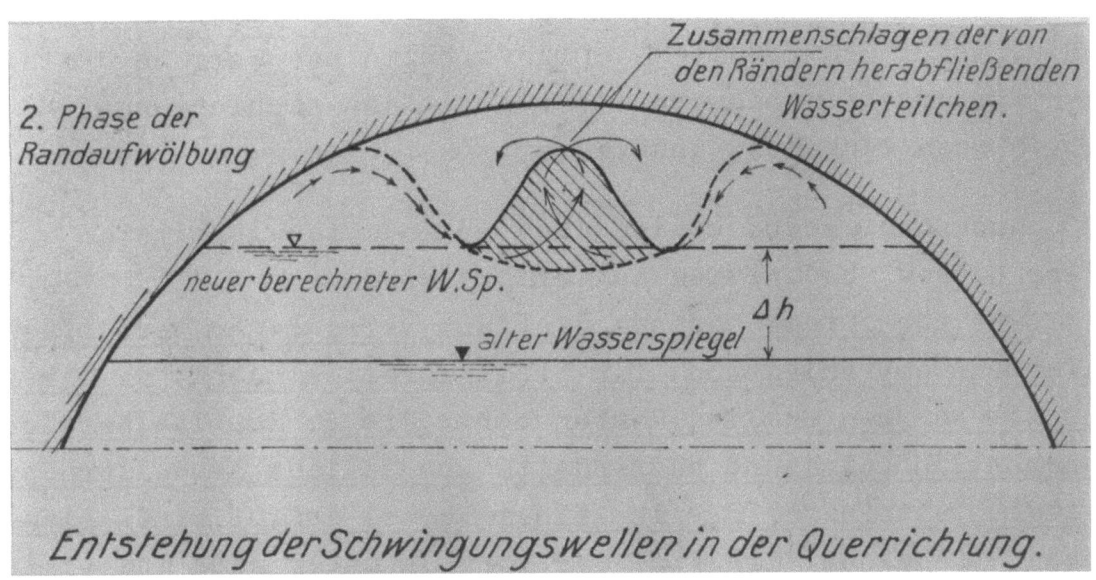

Abb. 26

<u>Wichtig aber ist die Tatsache, daß sich der Schwall in der Kalotte aufwölben und einen Teilabschluß des Rohres bewirken kann.</u>

VII. Zusammenfassung der Ergebnisse

Die Untersuchungen im Abschnitt C) hatten den Zweck, darüber Klarheit zu verschaffen, wie sich die Schwallwellen in einem Stollenprofil verhalten. Diese Untersuchung gewinnt deshalb ihre besondere Bedeutung, da für den Normalabfluß in einem Freispiegelstollen die hydraulisch günstigste Fülltiefe bei etwa 0,8 d liegt, aber andrerseits gerade im Scheitelbereich - wie die Versuche zeigten - die Schwallwellen erhebliche Deformationen erleiden, die sich u.U. für die gesamten Abflußverhältnisse sehr ungünstig auswirken können. Diese Zustände werden in den nachfolgenden Abschnitten noch eingehend untersucht.

Zusammenfassend sollen noch einmal die wichtigsten Ergebnisse dieses Abschnittes aufgeführt werden:

1. <u>Die für offene Gerinne vielfach verwendeten vereinfachten Schwallformeln empfehlen sich für Stollenprofile nicht, da die Abweichungen von den exakten Werten besonders im Scheitelbereich nicht unerheblich sind und andrerseits zusätzliche Schwallerhöhungen im Scheitel stattfinden, die in keiner Formel erfaßt sind. Diese Ergebnisse, die einen Vergleich der Formeln unter sich und einen Vergleich mit den gemessenen Werten darstellen, sind auf Blatt 6 aufgetragen.</u>

<u>Zur Schwallermittlung in Stollen wird die Kurventafel (Blatt 2) empfohlen, die sowohl auf der exakten Formel basiert und auch eine wesentliche Arbeitsersparnis bedeutet.</u>

2. <u>Die für die gesamten Schwallbetrachtungen in Stollen sehr wesentlichen Erkenntnisse über die Verformungen im Scheitelbereich sind an Hand der in den beiliegenden Tafeln ersichtlichen Aufnahmen eingehend erörtert und mit den dazugehörigen Diagrammtafeln (Tafel 3-20) bestätigt.</u>

3. Die theoretischen Untersuchungen sollten die beobachteten Schwallverformungen bestätigen bzw. erklären. Dabei waren die Verformungen in Fließrichtung und senkrecht zur Achse getrennt zu betrachten. Es ergaben sich folgende Resultate:

a) <u>Eine Schwallwelle wird in einem Kreisprofil stets branden, gleich welche Fülltiefe vorhanden ist.</u> Dieses Branden wird bei genügender Entwicklungslänge des Stollens eine Auflösung (nicht Abflachung!) der brandenden Schwallfront in einige sehr steile Schwallwellen hervorrufen.

b) Durch die im Stollenscheitel vorhandene seitliche Begrenzung wird beim Entstehen der Schwallwelle (Hebung der Wasserteilchen) eine Randaufwölbung erzeugt, die u.U. den Stollenscheitel ganz abschließen kann. Durch diese Randaufwölbung wird außerdem eine sehr starke Schwingungswelle im ganzen Stollen erzeugt.

Für die Größe dieser Schwallerhöhungen durch Randaufwölbungen lassen sich weder theoretisch noch versuchsmäßig Werte angeben, da diese Erscheinungen sehr unregelmäßig sind. Die starke Streuung der Meßwerte und theoretischen Untersuchungen bestätigen dies. Es empfiehlt sich aber auf jeden Fall bei Freispiegelstollen, bei denen die berechneten Schwallwellen im Stollenscheitel liegen, einen Sicherheitszuschlag zu machen, da z.B. bei den Versuchen Schwallerhöhungen von über 25 % vorhanden waren und diese bestimmt noch überschritten werden, wenn die Verhältnisse ungünstiger liegen.

D. Unterwasserstollen im Grenzbereich vom Freispiegelstollen zum Druckstollen

I. Zweck und Umfang der Untersuchungen

Die Ergebnisse der im Abschn. C durchgeführten Versuche zeigten, daß die Schwallwelle in der Stollenkalotte z.T. erhebliche Verformungen (Aufwölbungen) erleidet und dabei größere Werte erhält. Diese u.U. nicht berücksichtigten Schwallerhöhungen verwandeln dadurch den reinen Freispiegelstollen durch augenblicklichen Abschluß zum Unterwasser hin kurzfristig in einen Druckstollen, d.h. der Charakter des Freispiegelstollens bewegt sich im Grenzbereich. Aufgabe der nachfolgenden Untersuchungen sollte es sein, über das Verhalten der nichtstationären Vorgänge im Grenzbereich und über die Auswirkungen der Lufteinschließungen im Stollen Klarheit zu verschaffen.

Dieser teilweise Stollenabschluß in der Grenzlage kann auch durch Schwingungswellen im Stollen entstehen, die durch starken Wellenschlag im Unterwasser oder durch Ablösungsstellen im Stollen hervorgerufen werden.

Ferner kann diese Grenzlage geschaffen werden durch das Ansteigen des Unterwasserspiegels bis zum Scheitel oder etwas darüber.

II. Modellversuche

1. Versuchsprogramm

Auf Grund der zuvor geschilderten Verhältnisse eines Stollens im Grenzbereich und der interessierenden Vorgänge ergaben sich folgende durchzuführende Versuche:

a) <u>Schnelle Folge von Schwall und Sunk</u>

Der zunächst erzeugte Schwall erreicht den oberen Teil der Kalotte und wird zusätzlich an den Rändern aufgewölbt, so daß an einigen Stellen im Stollen ein kurzfristiger Abschluß entsteht (s. Tafel 7, 10, 11, 12). Der in diesem Augenblick erfolgende Schließvorgang ist in seiner Wirkung auf die Abfluß- und Druckverhältnisse im Stollen zu untersuchen. Außerdem ist der Einfluß einer Scheitelbelüftung zu prüfen.

b) <u>Normalabfluß im Stollen mit überlagerter Schwingungswelle</u>

Der Einfluß einer plötzlichen Schließbewegung (Sunk- oder Druckstoß) ist zu untersuchen.

c) <u>Unterwasserspiegel erreicht den Stollenscheitel
bzw. übersteigt diesen.</u>

Untersuchung der durch plötzliches Schließen entstehenden nichtstationären Vorgänge (Druckstoß, Sunkwelle) mit und ohne Scheitelbelüftung.

2. <u>Modell und Meßeinrichtung</u>

Zur Durchführung der Versuche und Messungen wurde der unter C. IV beschriebene Versuchsstand mit den dort angeführten Meßeinrichtungen (Lichtpunktlinienschreiber und Maihak-Indikator) verwendet (siehe Blatt 1 und Tafel 1 u. 2).

3. <u>Die Versuche und ihre Ergebnisse</u>

Die Versuche wurden den drei Programmpunkten entsprechend durchgeführt. Die zahlenmäßigen Ergebnisse sind auszugsweise in den Blättern 3-5 wiedergegeben. Ferner geben die Bilder 19-22 und die Diagramme 11-19 Aufschluß über die Vorgänge im Stollen.

a) Schwall und Sunk in schneller Folge.

Bei unterschiedlichen Wassertiefen und veränderlichen Wassermengen wurden durch plötzliches Öffnen der Drosselklappe Füllschwälle erzeugt. Diese erreichten den oberen Teil der Kalotte und bewirkten größtenteils durch die Randaufwölbung einen teilweisen Abschluß (s. Bild 19-22). Bei nun erfolgendem Schließen der Zuleitung konnte sich bei geschlossener Scheitelbelüftung kein Sunk ausbilden, sondern es entstand am Abschlußorgan ein der Länge des abgeschlossenen Stollens entsprechender Druckstoß (s. Blatt 3-5 und Diagr.). Gleichzeitig bewegte sich in der Kalotte ein Wasserpfropfen mit Lufteinschließungen mit erheblicher Geschwindigkeit zum Abschlußorgan hin (s. Bild 19-22).

Bei geöffneter Scheitelbelüftung konnte sich beim Schließen ein normaler Sunk ausbilden. Die dabei sich zeigende relativ steile Sunkfront kann mit den Lufteinschließungen im Scheitel und der damit verbundenen stärkeren Reibung erklärt werden (s. Bild 24).

b) Normalabfluß im Stollen mit überlagerter Schwingungswelle.

Die stehende Schwingungswelle im Stollen wurde im Modell durch starke Wellenbewegung im Unterwasser erzeugt. Bei dem nun erfolgenden Schließen entstanden dieselben Erscheinungen wie bei den Versuchen a) (s. Bild 13, 14 und Blatt 3-5).

c) Unterwasserspiegel bis zum Stollenscheitel oder darüber.

Bei plötzlichem Schließen entstanden bei geschlossener Belüftung Druckstöße. Bei geöffneter Belüftung Sunkwellen. Auch hier zeigte sich, daß die Sunkfront steiler als bei freiem Wasserspiegel ist, besonders wenn im Scheitel Lufteinschließungen vorhanden sind. Ausgeprägte Reaktionswellen sind typisch für die Sunkwellen (siehe Diagramme).

Die Versuche zeigten außerdem, daß auch bei einem Unterwasserspiegel über dem Scheitel und geöffneter Belüftung sich ein Sunk und zwar bis zu einer bestimmten Grenzlage ausbilden kann. Eine theoretische Ermittlung dieses Wertes erfolgt im Abschnitt B. IV.

III. Lufteinschließungen im Stollen und ihre Auswirkungen beim stationären und nichtstationären Abfluß

Die im vorigen Abschnitt beschriebenen Versuchsergebnisse, besonders das Verhalten eines Druckstoßes in einem Wasser-Luftgemisch, erfordern eine grundsätzliche Klärung der Vorgänge in einem Stollen, wenn dieser Lufteinschließungen enthält. Gerade dieser Gesichtspunkt ist sehr wesentlich zur Beurteilung der Verhältnisse in einem Unterwasserstollen, wenn dieser im Übergangsbereich liegt.

1. Entstehungsursache von Lufteinschließungen

Lufteinschließungen in Unterwasserstollen können folgende Entstehungsursachen haben:

a) Der Unterwasserstollen ist derart dimensioniert bzw. angelegt, daß - entsprechend den Erklärungen in den vorhergehenden Abschnitten - durch größere Schwallwellen oder durch stark wechselnde Unterwasserstände im Scheitelbereich Luftblasen eingeschlossen werden.

b) Im Stollenscheitel entstehen Luftblasen, deren Entstehung durch zuvor mitgerissene Luft (z.B. durch schnelles Absinken des Wasserspiegels im Wasserschloß, durch Kavitationsbildung im Saugschlauch) wesentlich unterstützt wird. Diese Hohlraumbildung kann oft durch örtliche Ablösungsstellen im Stollen (z.B. Umlenkungsstelle vom Wasserschloß zum Stollen), durch Unebenheiten in der Stollenwandung oder durch eventuelle Einbauten hervorgerufen werden.

2. Verhalten der Lufteinschließungen im Druckstollen bei stationärem Abfluß
(siehe Tafel 14 und 15, Bild 25, 26, 27)

Bei geringem Gegendruck halten sich die Luftblasen sehr lange im Stollen, wobei sich von den größeren Lufteinschließungen kleinere abspalten und weiterwandern. Dabei werden aber die alten Luftblasen von den aufsteigenden Kavitationsblasen immer wieder neu genährt, so daß diese sich unter Umständen sehr lange in einem Stollen halten. Bei stärkerem Gegendruck sind die obigen Erscheinungen ebenfalls vorhanden, allerdings geht das Abspalten von Luftblasen und deren Zusammenfallen schneller vonstatten.

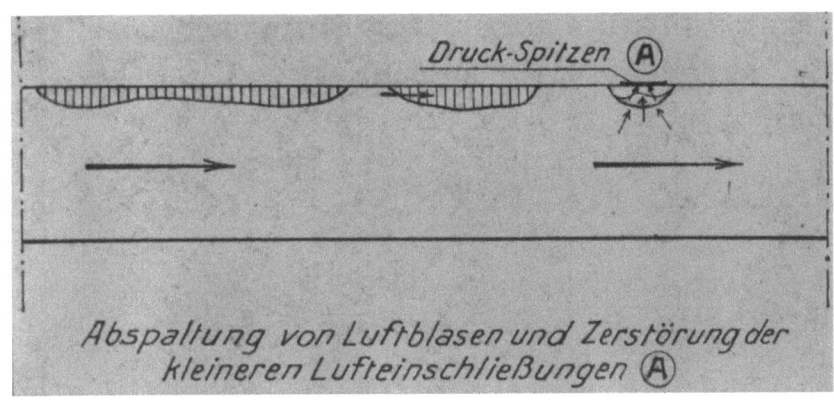

Abb. 27

Sobald von den abgespaltenen Luftblasen das Volumen in ein bestimmtes Verhältnis zu dem im Stollen herrschenden Druck tritt, werden diese abgeflacht und eingedrückt. Die bei diesem Vorgang freiwerdende kinetische Energie wirkt sehr konzentriert auf die Stollenwand und ruft dabei z.B. örtliche Druckspitzen hervor (Abb.27).

Dieser örtlich auftretende Druckstoß wird nur im nächsten Umkreis weitergeleitet, ist aber für die Stollenwand an dieser Stelle nicht ungefährlich. Das Zusammenstürzen dieser Luftblasen ist meistens mit einem erheblichen Geräusch verbunden, wie dies schon oft bei Vorgängen in der Natur und ebenso bei diesen Modellversuchen beobachtet werden konnte.

3. Verhalten der Lufteinschließungen in Druckstollen bei nichtstationärem Abfluß (Druckstoß)

Um diese Vorgänge erklären und auch exakt erfassen zu können, ist es notwendig, einige grundsätzliche physikalische Vorgänge zu betrachten.

a) Longitudinale Welle im festen Körper

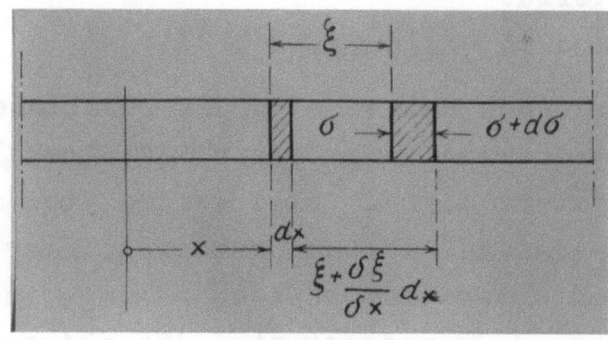

Abb. 28

Im spannungsfreien Zustand des Stabes liegt ein Volumenelement der Dicke dx im Abstand x von einem willkürlichen Anfangspunkt entfernt. Infolge eines Spannungszustandes sei es um ξ verschoben. Dort herrscht die Spannung

$$\sigma = E \frac{\partial \xi}{\partial x}$$

denn $\partial \xi$ ist die Änderung der Dicke dx. Am rechten Ende ist die Spannung

$$\sigma + d\sigma = E \frac{\partial (\xi + \frac{\partial \xi}{\partial x} dx)}{\partial x} = E \frac{\partial \xi}{\partial x} + E \frac{\partial^2 \xi}{\partial x^2} dx$$

Das Volumenelement, das die Masse $\rho \cdot f \cdot dx$ enthält, steht also unter der Wirkung der Kraft

$$f[(\sigma + d\sigma) - \sigma] = f E \frac{\partial^2 \xi}{\partial x^2} \cdot dx = dK$$

Sie bewirkt eine Beschleunigung $\frac{\partial^2 \xi}{\partial t^2}$, so daß

$$dK = (\rho \cdot f \cdot dx) \frac{\partial^2 \xi}{\partial t^2} = f \cdot E \frac{\partial^2 \xi}{\partial x^2} dx$$

Daraus folgt die Wellengleichung:

$$\frac{\partial^2 \xi}{\partial t^2} = \frac{E}{\rho} \frac{\partial^2 \xi}{\partial x^2} \tag{1}$$

b) Longitudinale Welle in Flüssigkeiten und Gasen

In einer Flüssigkeits- oder Gassäule von f cm^2 Querschnitt ist das Volumenelement $dV = f\,dx$. Bei der Verschiebung um ξ wächst es auf

$$dV + d(dV) = f\,dx + f \frac{\partial \xi}{\partial x} dx$$

Die Zunahme
$$\delta(dV) = f \frac{\delta \xi}{\delta x} dx$$
schreibt man der Druckänderung δp zu.

Allgemein gilt nach <u>Boyle-Mariotte</u> (bei konst. Temperaturen)

p·V = const.   V = const./p
dV/dp = - const./p² = - V/p

Eine Drucksteigerung dp bewirkt eine Volumenänderung
-dV, die dp und V proportional ist
-dV = $\mathcal{K}$·V·dp, wobei $\mathcal{K}$ = -1/V·dV/dp ist
$\mathcal{K}$ ist die Kompressibilität. Bei Gasen gilt

$$\underline{\underline{\mathcal{K} = 1/V \cdot V/p = 1/p}}$$

Damit erhält man für die Druckänderung

$$\delta p = \frac{1}{\mathcal{K}} \frac{\delta(dV)}{\delta V} = \frac{1}{\mathcal{K}} \cdot \frac{\delta \xi}{\delta x} \qquad (2)$$

Diese Druckänderung ist von Ort zu Ort verschieden. Beim Fortschreiten um dx ändert sich δp um

$$d(\delta p) = \frac{\delta(\delta p)}{\delta x} \cdot dx = \frac{1}{\mathcal{K}} \frac{\delta^2 \xi}{\delta x^2} \cdot dx$$

Das verschobene Volumenelement fdx erfährt also eine rücktreibende Kraft

$$dK = f \, d(\delta p) = f \cdot \frac{1}{\mathcal{K}} \cdot \frac{\delta^2 \xi}{\delta x^2} \cdot dx \qquad (3)$$

Die jeweilige Lage des Volumenelementes wird durch die Verschiebung ξ beschrieben. Seine Beschleunigung ist also $\frac{\delta^2 \xi}{\delta t^2}$

$$dK = \rho \cdot f \cdot dx \frac{\delta^2 \xi}{\delta t^2}$$

Durch Gleichsetzen der beiden Ausdrücke für dK erhält man die Wellengleichung:

$$\frac{\delta^2 \xi}{\delta t^2} = \frac{1}{\rho \cdot \mathcal{K}} \cdot \frac{\delta^2 \xi}{\delta x^2} \qquad (4)$$

An die Stelle von E tritt also hier die <u>reziproke Kompressibilität</u>

c) Die Wellenfortpflanzungs- (Phasen-) geschwindigkeit in festen und flüssigen Medien

Die Wellenfortpflanzungsgeschwindigkeit a ist die Geschwindigkeit eines Zustandes (Deformation) in einem Medium. Die unter a) und b) abgeleiteten Wellengleichungen werden gelöst durch

$$\xi = f(x \pm ct)$$

wobei f eine willkürliche, aber zweimal nach x und t differenzierbare Funktion sein kann

$$\frac{\partial^2 \xi}{\partial x^2} = f''(x \pm ct)$$

$$\frac{\partial^2 \xi}{\partial t^2} = c^2 f''(x \pm ct)$$

Durch Einsetzen findet man

für a) $\quad c^2 = \frac{E}{\rho} \quad c = \sqrt{\frac{E}{\rho}}$ \hfill (feste Körper) \hfill (5)

für b) $\quad c^2 = \frac{1}{\rho \cdot K}; \quad c = \sqrt{\frac{1}{\rho \cdot K}}$ \hfill (Flüssigkeit, Gas) \hfill (6)

d) Schallgeschwindigkeit in Gasen nach Laplace

Die Fortpflanzungsgeschwindigkeit einer Welle in einem Gas beträgt

$$c = \sqrt{\frac{1}{\rho \cdot K}}$$

Bei konstanten Temperaturen ist die Kompressibilität

$$K = \frac{1}{p}$$

Bei jeder Kompression tritt jedoch eine Erwärmung, bei jeder Ausdehnung eine Abkühlung auf. Erfolgen die Druckänderungen so schnell daß ein Temperaturausgleich nicht möglich ist (adiabatische Zustandsänderungen), so gilt statt des Boyle-Mariotteschen Gesetzes die Poissonsche Beziehung:

$$p \cdot V^{c_p/c_v} = \text{const.}$$

wobei c_p und c_v die spezifischen Wärmen des Gases bei konstantem Druck bzw. konst. Volumen sind.

Durch Differentiation folgt:

$$V^{c_p/c_v} \cdot dp + p \cdot \frac{c_p}{c_v} \cdot V^{c_p/c_v - 1} \, dV = 0$$

- 43 -

Die adiabatische Kompressibilität wird also

$$\kappa = -\frac{1}{V}\frac{dV}{dp} = \frac{1}{c_p/c_v \cdot p}$$

und damit die Schallgeschwindigkeit

$$c = \sqrt{\frac{c_p}{c_v} \cdot \frac{p}{\rho}} \tag{7}$$

Da bei konstanten Temperaturen

$$\frac{p}{\rho} = const.$$

ist die Schallgeschwindigkeit vom Druck unabhängig.

Für Luft gilt:

Bei $0°C$ und $p = 760$ mm Hg ist das spezifische Gewicht der Luft:

$$\rho = 0,001293 \text{ g/cm}^3$$

Das Verhältnis c_p/c_v ist für Luft 1,40

$$c_0 = \sqrt{1,40 \frac{(76 \cdot 13,55) \cdot 981}{0,001293}} = 33130 \text{ cm/s}$$

Messungen ergaben $c_0 = 33160$ cm/s

Nun nimmt die Dichte bei konstantem Druck mit wachsender Temperatur ab

$$\rho = \frac{\rho_0}{1+\alpha t}$$

wobei der Ausdehnungskoeffizient $\alpha = \frac{1}{272,3°}$ ist (nahezu für alle Gase gleich).

Die Schallgeschwindigkeit bei $t°C$ ist also

$$c = \sqrt{\frac{c_p}{c_v} \cdot \frac{p}{\rho_0}} \sqrt{1+\alpha t} = c_0 \sqrt{1+\alpha t} \tag{8}$$

e) <u>Wellenfortpflanzungsgeschwindigkeit in einem Wasser-Luftgemisch</u>

Es soll nun untersucht werden, wie sich eine Welle in zwei verschiedenen Medien (Wasser und Luft) fortbewegt (s. Abb. 29)

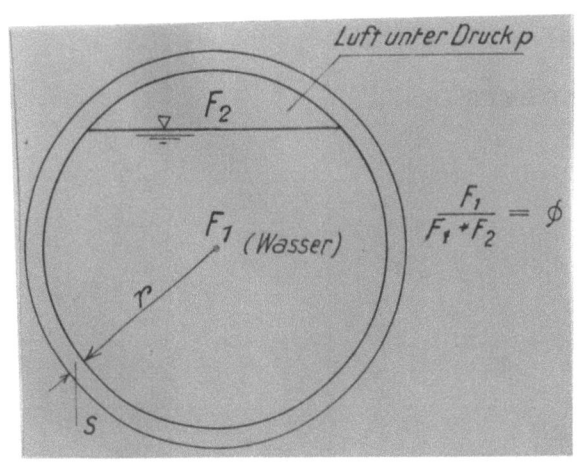

Die Druckerhöhung im Zeitelement sei

$$\frac{\delta p}{\delta t} dt$$

Es wird folgendes angenommen:

Durch Druckzunahme wird die über dem Wasser befindliche Luftsäule komprimiert und bildet dadurch eine elastische Begrenzung für die Druckfortpflanzung im Wasser. Da diese Randbegrenzung wesentlich elastischer als die Rohrwandung ist, wird die Fortpflanzungsgeschwindigkeit im Wasser erheblich reduziert werden. Die Größe dieser Geschwindigkeit soll hier untersucht werden.

α) Allgemein beträgt die Spannung in einem Rohr

$$\sigma = \frac{p \cdot r}{s}$$

Bei einer Druckerhöhung $\frac{\partial p}{\partial t} dt$ ergibt sich

$$d\sigma = \frac{\partial p}{\partial t} dt \cdot \frac{r}{s}$$

dabei verlängert sich der Umfang des Rohres um

$$dU = d\sigma \cdot \frac{U}{E}$$

Durch Einsetzen erhält man

$$dU = \frac{\partial p}{\partial t} dt \cdot \frac{r}{s} \cdot \frac{2r\pi}{E}$$

Es ist aber auch $dU = 2\pi\, dr$, also $dr = \frac{\partial p}{\partial t} dt \frac{r}{s} \cdot \frac{r}{E}$

Nach der Guldinschen Regel beträgt die entsprechende Volumenvergrößerung des Elementes infolge Dehnung:

$$\delta(dV_{El}) = 2\pi r \cdot dr \cdot dx$$

also

$$\delta(dV_{El}) = \pi r^2 \frac{\partial p}{\partial t} dt \cdot dx \cdot \frac{2r}{sE} \tag{9}$$

β) Infolge der Druckerhöhung $\frac{\partial p}{\partial t} dt$ verkürzt sich die Wassersäule $\pi r^2 \rho$ von der Länge dx um

$$\delta\, dx = \frac{\partial p}{\partial t} dt \cdot dx \cdot \kappa_W$$

(Es wird dabei angenommen, daß sich die Volumenänderung nur in der Länge dx äußert. Die Volumenänderung ist unabhängig von dieser Annahme.)

$\kappa = \dfrac{1}{E}$ = Kompressibilität des Wassers

$$\delta(dV_W) = \rho \cdot \pi r^2 \frac{\partial p}{\partial t} \cdot dt \cdot dx \cdot \frac{1}{E} \tag{10}$$

γ.) **Für das Luftvolumen gilt:**

Aus der Poissonschen Beziehung

$$p \cdot V^{c_p/c_v} = \text{const.}$$

folgt durch Differentiation:

$$\frac{dV}{dp} = -\frac{V}{c_p/c_v \cdot p} \quad \text{wobei} \quad K = \frac{1}{c_p/c_v \cdot p} = \text{adiabatische Kompressibilität}$$

$$dV = -K \cdot V \cdot dp$$

Im vorliegenden Falle gilt

$$\delta(dV_L) = K \cdot dV_L \cdot \frac{\delta p}{\delta t} \cdot dt$$

$$\zeta = c_p/c_v$$

$$\delta(dV_L) = \frac{1-\phi}{\zeta} \cdot \pi \cdot r^2 \frac{1}{p} \frac{\delta p}{\delta t} \cdot dt \cdot dx \tag{11}$$

δ.) **Nach dem Kontinuitätsgesetz beträgt das insgesamt freiwerdende Volumen**

$$\delta(dV) = \delta(dV_{EL}) + \delta(dV_W) + \delta(dV_L) \tag{12}$$

$$\delta(dV) = \pi r^2 \frac{\delta p}{\delta t} dt\, dx \left[\frac{2r}{sE} + \frac{\phi}{\varepsilon} + \frac{1-\phi}{\zeta \cdot p}\right] \tag{13}$$

In dieses im Zeitelement dt freiwerdende Volumen fließt Wasser nach. Demzufolge ändert sich die Geschwindigkeit v um den Betrag $\frac{\delta v}{\delta x} dx$ und es besteht der Zusammenhang

$$\delta(dV) = \phi \pi r^2 \frac{\delta v}{\delta x} dx\, dt$$

Annahme: Die Luft über dem Wasser befindet sich in Ruhe.
Es wird nur der Druckstoß im Wasser verfolgt.

Durch Gleichsetzen erhält man: (beide Seiten mit $\pi r^2 dx\, dt$ gekürzt)

$$\frac{\delta v}{\delta x} = \frac{\delta p}{\delta t}\left[\frac{2 \cdot r}{\phi \cdot r \cdot E} + \frac{1}{\varepsilon} + \frac{1-\phi}{\phi \cdot \zeta \cdot p}\right]$$

Mit ρ = Dichte des Wassers soll gelten:

$$\rho\left[\frac{D}{\phi s E} + \frac{1}{\varepsilon} + \frac{1-\phi}{\phi \zeta p}\right] = \frac{1}{a^2}$$

$$a = \sqrt{\frac{1/\rho}{\frac{D}{\phi s E} + \frac{1}{\varepsilon} + \frac{1-\phi}{\phi \zeta \cdot p}}} = f(p) \tag{14}$$

Nach Einsetzen der Werte für eine Rohrleitung mit einem
Ø 200 mm bei einem Füllungsverhältnis = 0,8 und einem Druck
p = 10 at erhält man einen Wert a = 2,3 m/sec. Wenn man vergleicht,
daß bei einem offenen Wasserspiegel und den entsprechenden Verhältnissen die Schwallgeschwindigkeit etwa 1,2 bis 1,5 m/sec betragen
würde, dann erkennt man, daß durch die Kompression der Luft über
dem Wasserspiegel die Fortpflanzungsgeschwindigkeit zwar wächst
(entsprechend wird sie bei einem negativen Druckstoß abnehmen),
aber dennoch in der Größenordnung der Schwallgeschwindigkeiten
bleibt (bes. verglichen mit a für Druckstoß).

Diese Erkenntnis ist wichtig für die Klärung des Verhaltens
von Wasser - Luftgemischen bei Druckstößen.

f) <u>Verhalten von Lufteinschließungen bei einem negativen
Druckstoß</u>

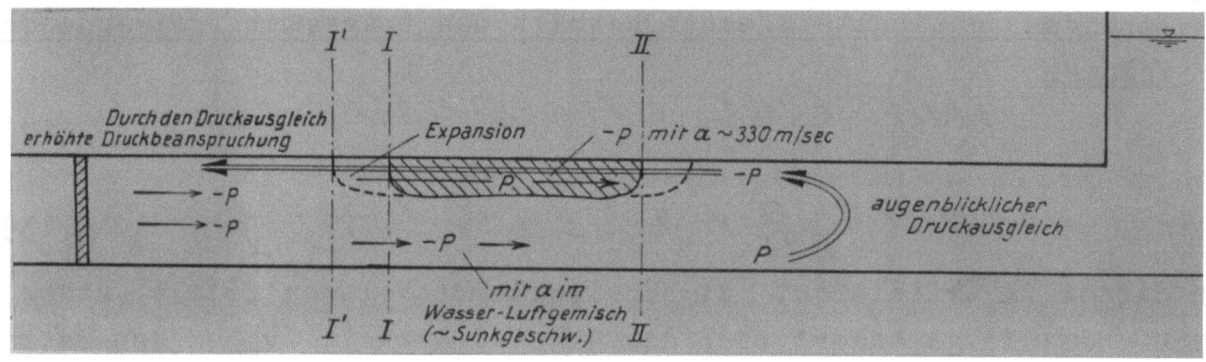

Abb. 30

Der beim Schließen der Leitung entstehende Unterdruck - p läuft in
der Leitung entlang. Beim Erreichen der Luftblasen (Querschnitt
I - I) wird der Unterdruck in der Luftblase mit der Druckfortpflanzungsgeschwindigkeit in der Luft (Schallgeschwindigkeit) weitergeleitet, während er entsprechend den Betrachtungen und Ableitungen
im Abschnitt III, 3 in dem darunter befindlichen Wasser nur mit
etwa Schwallgeschwindigkeit weiterläuft. Das Luftvolumen wird sich
auf Grund des neuen Druckes - p ausdehnen (Querschnitt I' - I').
Bei genügender Länge der Lufteinschließungen bzw. Aneinanderreihung
von mehreren Luftblasen wird am Ende des Wasser - Luftgemisches
ein negativer Druck - p oben einem Ausgangsdruck p unten gegenüberstehen. Dadurch findet ein augenblicklicher rascher Druckausgleich
statt, indem der positive Druck in das Gebiet des negativen Druckes
eindringt und dabei ein "Durchschießen" eines Pfropfens von
Wasser - Luftgemisch zum Abschlußorgan hin bewirkt.

Dieser Vorgang konnte im Modell genau beobachtet werden, und ist auf den Bildern 19-22 der Tafeln 11 u. 12 zu sehen.

Bei diesem raschen und plötzlichen Freiwerden von kinetischer Energie werden andrerseits wieder Luftblasen komprimiert bzw. an der Stollenwand eingedrückt. Dadurch können z.T. erhebliche Druckspitzen an der Stollenwandung und auch am Abschlußorgan entstehen (siehe Diagr. 21, 22, 27).

Bei diesem Vorgang ist folgendes zu beachten:
Durch die eingeschlossenen Luftblasen entsteht teilweise ein Windkesseleffekt, wodurch eine Abschwächung des Gesamtdruckstoßes bewirkt wird. Das schließt allerdings nicht aus, daß die zuvor erwähnten Druckspitzen an den Stollenwänden auftreten können. (Die Diagramme auf den Tafeln 21 und 22 zeigen diese Erscheinungen.) Sind die Lufteinschließungen größer und gelangt der zurückschießende Wasserpfropfen bis zum Abschlußorgan, dann entsteht beim Rückstoß u.U. eine erhebliche Drucksteigerung (siehe Diagramm auf Tafel 27). Man kann also nie festlegen, ob bei Lufteinschließungen in einem Stollen zusätzliche Drucksteigerungen auftreten können oder ob diese als Windkessel wirkend eine Druckminderung hervorrufen. Aus diesem Grund sind solche Lösungen immer zu vermeiden, bei denen der Stollen, der normal unter Druck steht, Luft schlucken kann (es sei denn, daß eine Be- bzw. Entlüftung des Stollens vorgesehen ist).

g) **Verhalten von Lufteinschließungen bei einem positiven Druckstoß**

Ebenso wie bei einem negativen Druckstoß pflanzt sich die Druckwelle in der Luft und im Wasser fort und es entsteht am Ende des Wasser – Luftgemisches ebenfalls ein plötzlicher und rascher Druckausgleich. Dabei ist die Bewegungsrichtung umgekehrt, d.h. es entsteht in der unteren Hälfte des Rohres ein Druckausgleich, der wegen des Fehlens von Luftblasen nicht dieselbe gefährliche Wirkung erreicht wie beim negativen Druckstoß. (Abb. 31)

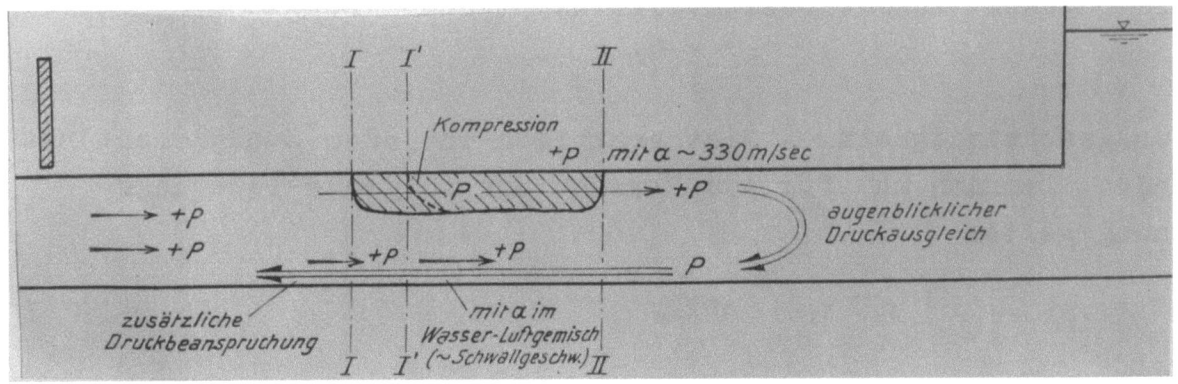

In diesem Falle geht zunächst der Druckausgleich in der unteren Hälfte des Rohres vor sich. Da aber hier die Lufteinschließungen fehlen, wird die Wirkung des zusätzlichen Druckstoßes sehr abgeschwächt sein und man wird immer mit einer Verminderung des Druckstoßes rechnen können. Zusätzliche Druckspitzen an den Stollenwänden sind dabei allerdings auch möglich. In den Druckdiagrammen sind diese Verhältnisse meist in einer Abschwächung der maximalen Druckerhöhung und durch eine Störung des normalen Druckverlaufes durch mehrere kleinere Druckspitzen zu erkennen.

Im Modell kann man diesen Druckausgleich lediglich in einer gewissen Fortbewegung im Rohrscheitel von dem Abschlußorgan weg feststellen.

IV. Untersuchung über die Grenzlage des Unterwasserspiegels für Sunk und Druckstoß bei Stollenbelüftung (Abb. 32)

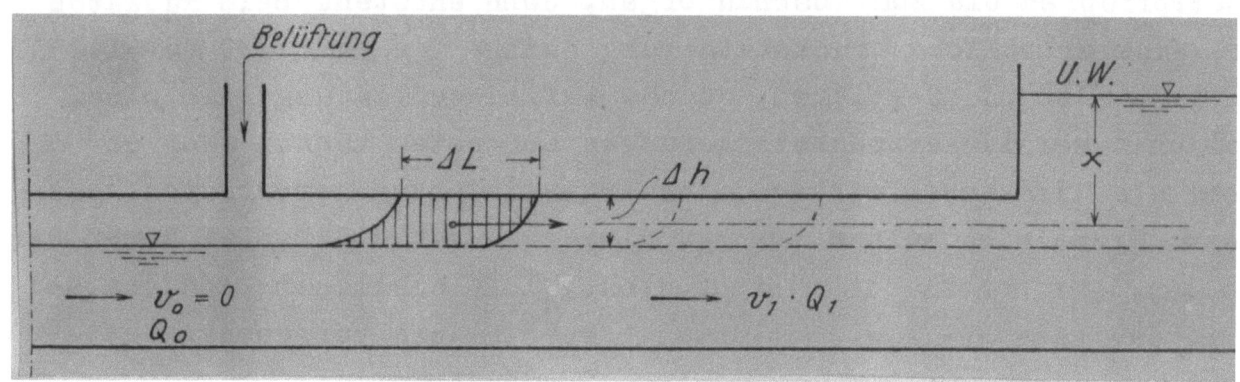

Der unter Druck stehende Stollen wird mit Q_1 durchflossen und soll nun plötzlich total abgeschlossen werden ($Q_1 = 0$ und $v_0 = 0$). Dadurch entsteht bei Belüftung des Stollens ein Sunk, der sich auch noch bei einer bestimmten Gegendruckhöhe ausbildet. Die Größe x soll ermittelt werden.

Beim Abschluß des Stollens entsteht ein Sunk, der durch die Wassermenge Q_1 hervorgerufen wird. Man stellt sich nun ein Sunkelement $\Delta L \Delta \ell$ vor, das im Zeitintervall um $\Delta \ell$ vorgerückt ist.

Dieses Element besitzt die kinetische Energie

$$\frac{mv^2}{2} = \frac{\Delta L \Delta \ell \gamma}{g} \cdot \frac{\omega^2}{2}$$

Die Sunkgeschwindigkeit ω ist praktisch in jedem Sunkelement neu vorhanden. Demnach muß für das Element die folgende Bewegungsgleichung gelten:

$$\frac{mv^2}{2} \gtreqless x \, \Delta L \, \Delta \ell \, \gamma$$

$$\frac{\Delta L \, \Delta \ell \cdot \gamma}{g} \cdot \frac{\omega^2}{2} \gtreqless x \cdot \Delta L \cdot \Delta \ell \cdot \gamma$$

und man erhält hieraus

$$x \leq \frac{\omega^2}{2g} \tag{15}$$

oder anders ausgedrückt: Die Geschwindigkeitshöhe des Sunkes muß gleich oder größer sein als die Gegendruckhöhe, wenn sich noch ein Sunk ausbilden soll.

Beispiel:

Bei der Modellrohrleitung ⌀ 200 mm würde bei einer Sunkgeschwindigkeit von 1,4 m/sec die Gegendruckhöhe im Maximum 10 cm betragen, damit sich noch ein Sunk ausbilden könnte.

Bei einem normalen Unterwasserstollen ⌀ 8,0 m und einer ungefähren Sunkgeschwindigkeit von 9 m/sec würde x = 4,0 m betragen.

V. Zusammenfassung der Ergebnisse

Durch die Modellversuche und theoretischen Untersuchungen wurden folgende wesentliche Ergebnisse erzielt:

1. Durch Schwingungswellen oder durch verformte und dabei überhöhte Schwallwellen kann ein Freispiegelstollen vorübergehend im Scheitel abgeschlossen werden und dabei den Charakter eines Druckstollens annehmen.

2. Bei einem in diesem Zustand erfolgenden Schließen wird ein negativer Druckstoß erzeugt. Dadurch wird der Stollen und das Abschlußorgan von einem u.U. nicht berücksichtigten Druck beansprucht.

3. Bei einem langen Unterwasserstollen bzw. größeren Strömungsgeschwindigkeiten kann dieser unberücksichtigte Druckstoß ohne weiteres einen Unterdruck von - 10,0 m erreichen und damit ein Abreißen der Wassersäule am Abschlußorgan bewirken. Der dabei entstehende Rückstoß erhält (bei Nichtbelüftung des Stollens) sehr große Werte und kann für das Abschlußorgan eine zerstörende Wirkung haben (siehe Abschn. F, IV).

4. <u>Auf Grund der Lufteinschließungen</u> im Stollenscheitel <u>wird durch den negativen Druckstoß</u> eine zusätzliche Wasserbewegung und <u>eine</u> damit verbundene <u>Drucksteigerung</u> hervorgerufen.

5. Bei einer von vornherein vorgesehenen Scheitelbelüftung sind diese Erscheinungen nicht möglich. In jedem Falle bildet sich ein normaler Sunk aus.

6. Bei Steigen des Unterwasserspiegels über den Scheitel bildet sich beim Schließen (bei geöffneter Scheitelbelüftung) ein Sunk aus, solange die Gegendruckhöhe nicht größer ist als die Geschwindigkeitshöhe des Sunkes.

7. <u>Die Wellenfortpflanzungsgeschwindigkeit in einem Wasser – Luftgemisch wurde mit</u> $a = \sqrt{\dfrac{1}{\dfrac{D}{\varphi \delta E} + \dfrac{1}{\delta} + \dfrac{1-\varphi}{\varphi \cdot 2 \mu}}}$ <u>gefunden.</u>

Dieser Ausdruck liefert Werte, die sich etwa in der Größe der normalen Schwallgeschwindigkeiten bewegen. Damit kann das Verhalten von Lufteinschließungen bei nichtstationären Vorgängen in Druckstollen erklärt werden.

E. Unterwasserstollen mit Überschreitung des Grenzbereiches vom Freispiegelstollen zum Druckstollen
(Anlage von Schwallkammern und partial wirkenden Wasserschlössern)

I. Allgemeine Gesichtspunkte

Bei längeren Unterwasserstollen, die im Normalfall als Freispiegelstollen wirken und durch stärkere Schwallwellen kurzfristig eine erhebliche Drucksteigerung über den Scheitel hinaus erhalten können, ist die Anlage von Schwallkammern zur Aufnahme dieser Überdrücke üblich.

Abb. 33

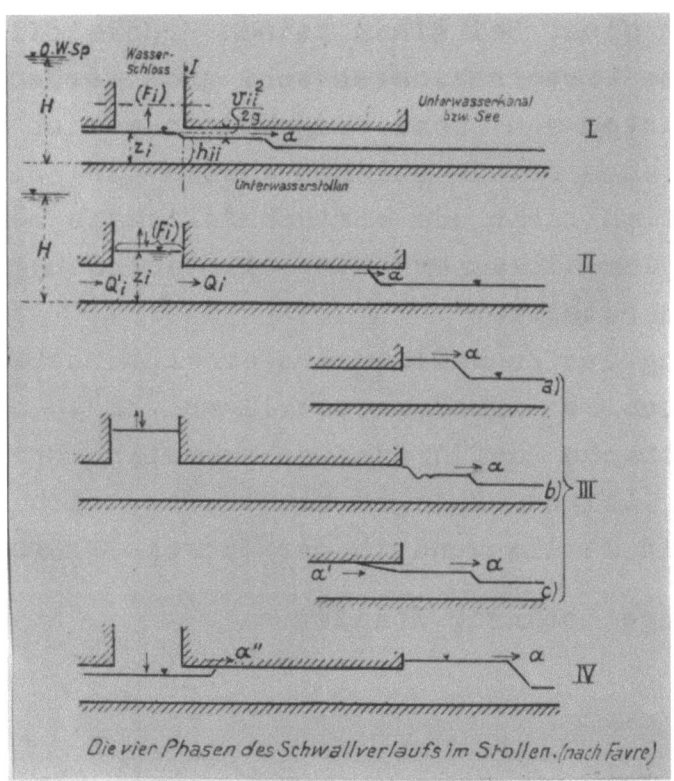

Die oben stehende schematische Darstellung zeigt die Wirkungsweise der Schwallkammern. [29]

Den umgekehrten Fall stellt ein Unterwasserstollen dar, der im Normalbetrieb bei sehr geringer Gegendruckhöhe im Unterwasser als Druckstollen arbeitet. Zur Aufnahme aller Entlastungsschwingungen ist meistens ein sehr großer Wasserschloßquerschnitt notwendig, der in vielen Fällen nicht ausführbar ist. Man wählt dann die Anlage eines partial wirkenden Wasserschlosses, das bei geringen Wassermengenschwankungen ausreicht, bei größeren Abschaltungen aber eine Absenkung des Wasserspiegels in den Stollen und damit eine bestimmte Luftaufnahme zuläßt.

Zur Erläuterung des Problems sind in den nachfolgenden Abschnitten folgende Punkte kurz zusammengestellt:

1. Praktische Anwendung der Schwallkammern
2. Einfluß der Öffnungszeiten auf die Schwallkammervorgänge
3. Anwendung der partial wirkenden Wasserschlösser.

II. Anwendung der Schwallkammern

Die Anlage von Schwallkammern wird immer dann in Frage kommen, wenn bei geringem Gefälle die Schwingungen und Druckverhältnisse stabil zu halten sind. Bei einem reinen Druckstollen würden oft die Abmessungen des Wasserschlosses sehr groß werden, da hier die Stabilitätsbedingungen von Thoma eingehalten werden müssen. Andrerseits wird aber auch oft in solchen Fällen die Anlage von reinen Freispiegelstollen nicht die wirtschaftlichste Lösung sein, so daß die Anlage von Schwallkammern als Zwischenlösung meistens die billigste Lösung darstellt.

Die Berechnung der Schwallkammern erfolgt nach der Methode von Favre [29] bzw. nach den Auszügen von Jäger [22].

Für die praktische Ausführung von Schwallkammern lassen sich keine allgemein gültigen Aussagen machen, obgleich mehrere gute Beispiele (bes. in Italien und in der Schweiz) vorhanden sind.

Abb. 34 Anlage Doblari, Italien

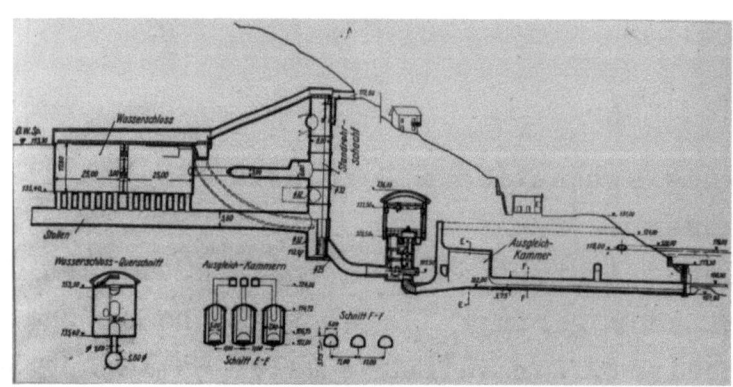

Bei der italienischen Anlage Doblari, die in der nebenstehenden Abb. 34 gezeigt wird, wurden z.B. mehrere Schwallkammerformen im Modell untersucht. (Abb. 35)

Abb. 35 Die für die Anlage Doblari im Modell
untersuchten Schwallkammern

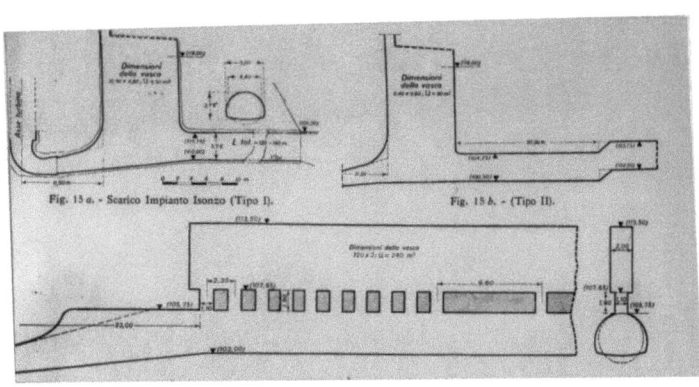

In vielen Fällen wird es notwendig sein, durch Modellversuche die günstigste Lage und Form der Schwallkammern zu ermitteln und dabei die gerechneten Werte zu überprüfen.

III. Bemerkung über den Einfluß der Öffnungszeit der Turbinen auf die Schwallhöhe

Die Öffnungszeit der Turbinen kann analog den Verhältnissen beim Druckstoß auch hier angewandt werden.

Beim Druckstoß gilt, daß die Schließ- und Öffnungszeit solange ohne Einfluß auf die Druckänderung ist, solange $\tau < \frac{2L}{a}$ beträgt. Dasselbe gilt für Schwalle, die den Scheitel nicht berühren, bei entsprechender Verwendung der Schwallaufzeit.

Dagegen gilt bei Schwallen, die den Scheitel berühren, nur die einfache Laufzeit $\tau = \frac{L}{a}$, da beim Rücklauf der Stollen unter Druck steht und somit die Rücklaufgeschwindigkeit (a=1000 m/sec) ein Vielfaches der Schwallaufzeit beträgt. Diese fällt dabei überhaupt nicht ins Gewicht.

Eine rechnerische Untersuchung schnell aufeinanderfolgender Be- und Entlastungen ist sehr schwierig und zeitraubend. Hier führt wohl der Modellversuch schneller und einfacher zum Ziel. Vor allem lassen sich dabei die auch u.U. auftretenden Schwingungs- und Resonanzerscheinungen untersuchen.

IV. Über die Anwendung partial wirkender Wasserschlösser bei Entlastungsvorgängen in Unterwasserstollen

Die umgekehrte Anwendung der bisher behandelten Schwallkammern ist die eines Wasserschlosses für Entlastungsvorgänge.

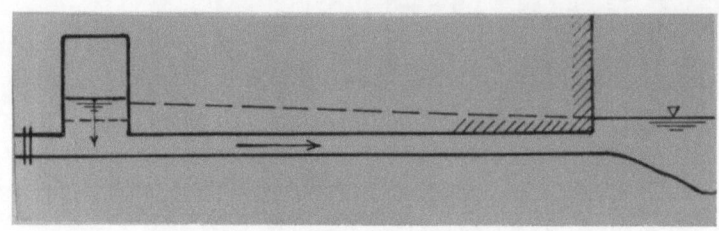

Abb. 36

Bei sehr geringen Gegendruckhöhen im Unterwasser müßte das normal berechnete Wasserschloß sehr große Abmessungen erhalten. Man kann nun u.U. auch hier die Lösung zulassen, daß zwar für normale Entlastungsfälle das Wasserschloß ausreichend dimensioniert wird. Bei besonderen Fällen jedoch würde der Wasserschloßquerschnitt nicht mehr ausreichen und der Stollen würde Luft schlucken. In diesen Fällen ist es wichtig, sich darüber klar zu werden, wie groß die Absenkung im Stollen sein kann und in welchem Maße Lufteinschließungen entstehen.

Ein weiterer wichtiger Faktor ist die Art der Anlage, Neigung des Stollens usw.. Die Lufteinschließungen im Stollen würden zwar im Normalbetrieb keine gefährlichen Wirkungen hervorrufen, jedoch zusätzliche Reibungsverluste und damit eine Verschlechterung des Abflußvermögens bedingen.

Wesentlich wichtiger ist die Frage, ob keine größeren Lufteinschließungen in die Rohrleitung zwischen Wasserschloß und Abschlußorgan (Turbine oder Pumpe) gelangen und sich dort länger halten können. Hier könnten u.U. stärkere Druckbeanspruchungen erfolgen infolge der in dieser Leitung entstehenden Druckstöße.

Bei der Anlage dieser partial wirkenden Wasserschlösser empfehlen sich folgende Hinweise:

1. Man ermittelt nach Möglichkeit für einige Normalfälle (Entlastungsfälle mit kleineren Wassermengen bei günstigen Unterwasserständen) ein Wasserschloß, das ausreichend ist.
2. Für den Extremfall errechnet man die größtmögliche Absenkung im

Stollen und erhält damit ein Kriterium für die Größe der Lufteinschließungen.

3. An den kritischen Punkten (vor allem bei Rohrleitungen) sind Entlüftungsventile anzubringen, damit die gesamte Leitung möglichst rasch entlüftet wird.

4. Die am Wasserschloß mündenden Rohre (Stollen) sind nach Möglichkeit mit einem Gefälle zu versehen, damit eine Entlüftung zum Wasserschloß hin möglich ist.

F. Unterwasserstollen als Druckstollen ohne Wasserschloß

I. Allgemeines über Druckstollen ohne Wasserschloß

Die Anlage eines Unterwasserstollens als Druckstollen ohne Wasserschloß stellt zweifellos eine sehr wirtschaftliche Lösung dar. In vielen Fällen ist diese aber nicht ohne weiteres anwendbar, da sich die Druckstöße sehr schnell der absoluten Unterdruckgrenze nähern und damit ein Abreißen der Wassersäule bewirken.

Um aber die Grenze der Anwendbarkeit zu kennen, ist es vor allem wichtig, über die Vorgänge unterhalb eines Abschlußorganes Klarheit zu gewinnen. Es handelt sich dabei im wesentlichen um die Erfassung aller Unterdrücke am Abschlußorgan, Kenntnis des Abreißvorganges, Einfluß der Belüftung usw.

Es wird bei den nachfolgenden Untersuchungen vorausgesetzt, daß die Theorie des Druckstoßes bekannt und die Anwendung der analytischen Methode ebenfalls geläufig ist.

Die Anwendung der allgemein bekannten graphischen Methode nach Schnyder-Bergeron wurde in dieser Arbeit auch auf die Verhältnisse eines Unterwasserstollens durchgeführt. Die zum Verständnis dieser Gedankengänge erforderlichen allgemeinen Grundlagen werden in Kürze wiedergegeben.

II. Ermittlung der Unterdrücke an den Abschlußorganen in Unterwasserstollen (siehe Blatt 8)

Die negativen Druckstöße bewegen sich bei Unterwasserstollen sehr oft auf Grund der geringen Gegendruckhöhen im absoluten Unterdruckbereich und werden bei Erreichen der absoluten Unterdruckgrenze sehr gefährlich, da in diesem Falle bekanntlich die Wassersäule abreißt. (Dieser Fall wird im Abschnitt IV untersucht.)

Außer der Kenntnis der exakten Berechnung der Druckstöße ist es deshalb wichtig, zu wissen, wie sich die Unterdrücke unterhalb eines Abschlußorganes zusammensetzen. Erst dann kann man mit Sicherheit die Grenze der zulässigen Beanspruchung ausnützen.

In der Abb. 37 (Blatt 8) ist schematisch die Zusammensetzung der Unterdrücke unterhalb einer Turbine im Saugrohr dargestellt.

Abb. 37

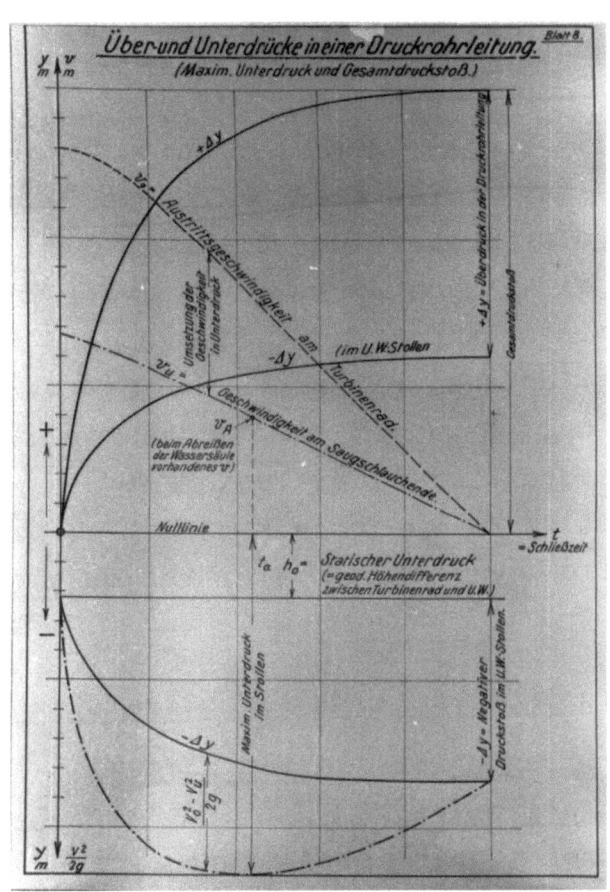

Der wirksame Unterdruck im Saugrohr setzt sich - wie folgt - zusammen:

a) <u>Statischer Unterdruck h_o</u>

Der statische Unterdruck ergibt sich aus der Differenzhöhe zwischen dem Laufrad der Turbine und dem Unterwasserspiegel. Liegt der Unterwasserspiegel höher, dann wird h_o nach oben aufgetragen, d.h. der Unterdruck wird um diesen Betrag verringert.

b) <u>Unterdruck infolge Druckstoß</u>

Der Druckstoß für den Unterwasserstollen bzw. für das Saugrohr wird analytisch oder graphisch ermittelt und als Funktion der Zeit aufgetragen. Diese Auftragung ist wichtig für die Ermittlung des wirksamen Unterdruckes, wie dies auch aus der Abb. hervorgeht. Die Abb. zeigt ferner die Auftragung des negativen Druckstoßes zur Ermittlung des Gesamtdruckstoßes.

c) <u>Unterdruck infolge Geschwindigkeitsverminderung im Saugrohr</u>

Durch den Saugschlauch wird durch Geschwindigkeitsverminderung ein zusätzlicher Unterdruck erzeugt, der entsprechend dem Schließvorgang abnimmt (siehe Abb. 37 bzw. Blatt 8).

Es ist $v_o^2 - v_u^2 / 2g = h_v$, wobei v_o die Geschwindigkeit am Laufrad und v_u am Saugschlauchende bedeutet.

Durch Auftragung dieser 3 Faktoren über der Zeit zur Bestimmung des wirksamen Unterdruckes kann man feststellen, ob und wann der kritische Unterdruck von -10,0 m erreicht wird. Wie in der Abbildung sehr instruktiv gezeigt wird, kann dieser Unterdruck und damit der Abreißvorgang auch bei einem langsamen Schließvorgang innerhalb der Schließzeit (zu einem beliebigen Zeitpunkt) auftreten. In diesen Fällen kann dann allerdings u.U. noch ein Nachsaugen stattfinden.

Dem kritischen Unterdruck und damit entstehenden Abreißvorgang entspricht in der schematischen Auftragung eine ganz bestimmte Abreißgeschwindigkeit, die - wie sich später zeigen wird - von Bedeutung ist.

III. Berechnung des Druckstoßes in Unterwasserstollen

1. Nach der analytischen Methode von Allievi (mit Berechnungsbeispiel)

Es wird im Rahmen dieser Arbeit vorausgesetzt, daß die Gedankengänge und Ableitungen der klassischen Theorie von Allievi bekannt sind. Es sollen in diesem Zusammenhang lediglich die Hauptgleichungen und vor allem die Randbedingungen der Theorie gebracht werden, damit die weiteren Gedankengänge und Anwendbarkeit der graphischen Methode besser verständlich sind.

Bemerkung: Die Bezeichnungen sind dieselben, wie sie in der klassischen Theorie von Allievi und Bergeron verwendet werden.

a) **Das allgemeine Integral der beiden simultanen Differentialgleichungen des Druckstoßes lautet:**

$$y = y_o + F\left(t - \frac{x}{a}\right) + f\left(t + \frac{x}{a}\right)$$

$$v = v_o - \frac{g}{a}\left[F\left(t - \frac{x}{a}\right) - f\left(t + \frac{x}{a}\right)\right]$$

In diesen Gleichungen bedeutet:

y = Druckhöhe ($\frac{p}{\gamma}$)

v = Geschwindigkeit in der Rohrleitung

a = Fortpflanzungsgeschwindigkeit des Druckstoßes

$F(t - \frac{x}{a})$ und $f(t + \frac{x}{a})$ bedeuten beliebige Integrationsfunktionen, die von den Randbedingungen jedes einzelnen Problems abhängen.

Es seien noch einige andere Bezeichnungen angefügt, die im Laufe der weiteren Betrachtungen verwendet werden:

D = Rohrdurchmesser
S = lichter Rohrquerschnitt
L = Rohrlänge
c = $\sqrt{2gh}$ = Ausflußgeschwindigkeit aus der Düse

b) <u>Randbedingungen</u>

$$v_i = c_i \frac{f}{S}$$

und nach einigen Umwandlungen

$$v_i = \eta_i v_o \sqrt{\frac{h_i}{h_o}}$$

η_i = relativer Öffnungsgrad des Abschlußorganes bzw. der Turbine (entsprechend der Öffnungs- bzw. Schließfunktion)

$\eta_i = (\tau - t)/\tau = 1 - i/\Theta$

wobei Θ = relative Öffnungs- bzw. Schließzeit
$\Theta = \tau/\mu$
τ = Schließ- bzw. Öffnungszeit
$\mu = 2L/a$ = eine Phase

c) <u>Die Gleichungen von Allievi</u>

Führt man nach Allievi folgende Relativwerte bzw. Bezeichnungen ein:

$$z_i^2 = \frac{h_i}{h_o} = \text{relativer Druck}$$

$$z_i^2 - 1 = \text{relativer Überdruck}$$

$$\rho = \frac{a \cdot v_o}{2gh_o} = \text{Rohrcharakteristik,}$$

dann erhält man die Allievischen Gleichungen in der klassischen Form:

$$z_1^2 - 1 = 2\rho(\eta_0 z_0 - \eta_1 z_1)$$
$$z_1^2 + z_2^2 - 2 = 2\rho(\eta_1 z_1 - \eta_2 z_2)$$

Mittels dieser Gleichungen kann zu jeder Zeit t der Druck $h_1 = h_0 \zeta_i^2$ Abschlußorgan angegeben werden, wenn die Funktion $\eta = \eta(t)$ bekannt ist.

Nach Allievi ergibt sich folgendes allgemeine Kriterium für die Lage des maximalen Druckstoßes:

für $\Theta > 3,5$ und $\rho < 1,0$ liegt das Maximum in der 1. Phase

für $\rho > 1,1$ liegt das Maximum in einer der nachfolgenden Phasen.

d) <u>Berechnungsbeispiel</u> (Abb. 38)

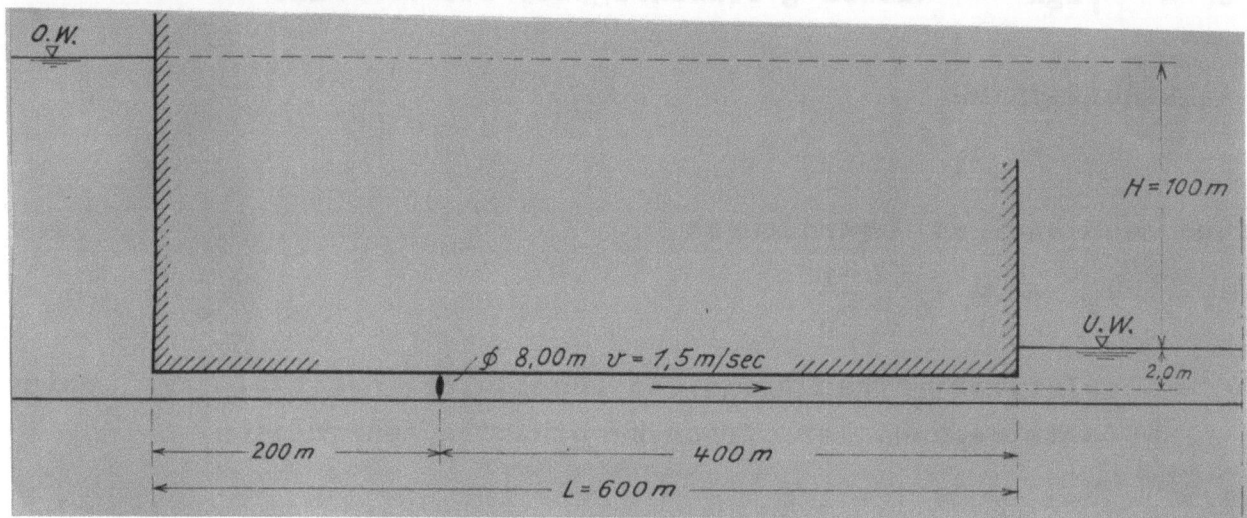

<u>Druckrohrleitung im Oberwasser:</u>

Durchmesser = 8,0 m

L = 200 m   v = 1,5 m/sec

<u>Unterwasserstollen:</u>

Durchmesser = 8,0 m

L = 400 m   v = 1,5 m/sec

a = 1000 m/sec

UW-Stand = 2,0 m über der Achse der Turbine

Schließzeit τ = 8 sec

H = 100 m

$\rho = \dfrac{1000 \cdot 1,5}{19,62 \cdot 100} = 0,76$

$\mu = \dfrac{2L}{a} = \dfrac{2 \cdot 600}{1000} = 1,2$ sec

$\mu_{44} = \dfrac{2 \cdot 400}{1000} = 0,8$ sec

$\Theta_{ges.} = \quad = 8/1,2 = 6,7$

$\Theta_{44} = \quad = 8/0,8 = 10$

Da $\Theta = 6{,}7$ bzw. $10 > 3{,}5$ und $\rho = 0{,}76 < 1$, liegt das Maximum der Druckerhöhung am Ende der 1. Phase.

α) Anwendung auf die gesamte Leitung

$$z_1 = -\rho z_1 + \sqrt{\rho^2 z_1^2 + 1 + 2\rho}$$

$$= 1{,}065$$

$$z_1^2 = 1{,}14$$

d.h. 14% v. 100 m $= 14{,}0$ m

$\Theta = 6{,}2$
$z_1 = 0{,}85$

Anteilig nach den Längen ergibt sich:

für den OW-Stollen = 4,65 m
für den UW-Stollen = 9,35 m

$\Sigma = 14{,}0$ m

Wirksamer Unterdruck:

$$\begin{array}{r} -9{,}35 \\ +2{,}00 \end{array} = \underline{-7{,}35 \text{ m}}$$

β) Anwendung der Berechnung getrennt für den UW-Stollen

$$z_1 = -0{,}76 \cdot 0{,}9 + \sqrt{0{,}76^2 \cdot 0{,}9^2 + 1 + 2\rho}$$

$$= 1{,}045$$

$$z_1^2 = 1{,}093$$

d.h. $9{,}3\%$ v. 100 m $= 9{,}3$ m

$\Theta = 10$
$z_1 = 0{,}9$

Wirksamer Unterdruck:

$$\begin{array}{r} -9{,}3 \\ +2{,}0 \end{array} = \underline{-7{,}3 \text{ m}}$$

Mit diesem sehr vereinfachten Berechnungsbeispiel wurde gezeigt, daß die aus den Allievischen Gleichungen klar ersichtliche Linearität bei der Aufteilung der Drücke entsprechend den abgeteilten Längen (= relative Längen entsprechend der flüssigen Masse) zutreffend ist.

Der Einfluß der Reibung wurde bei der analytischen Berechnungsmethode nicht berücksichtigt, da dies zumeist sehr umständlich ist. Eine Berücksichtigung der Reibung bei der graphischen Methode führt wesentlich schneller zum Ziel.

2. Anwendung der graphischen Methode von Schnyder-Bergeron auf die Druckstoßermittlung in Unterwasserstollen
(mit Beispiel)

Zur rascheren Ermittlung der Druckstöße und zur besseren Übersicht über den Verlauf der Druckstoßwelle bedient man sich der graphischen Methode von Schnyder-Bergeron. Die Grundgedanken dieser Methode werden als bekannt vorausgesetzt.

Um aber die Gedankengänge und Folgerungen zu verstehen, die zur Anwendung dieser Methode bei Unterwasserstollen in der hier gebrachten Form führten, ist es notwendig, einige grundlegende Ableitungen und Begriffe in kurzer Form wiederzugeben.

a) Grundlagen der Methode

α) Randbedingungen

Die Randbedingung, die einem bestimmten Abschlußorgan entspricht, ist die Beziehung zwischen Druck y und Wassermenge q ($y = y(q)$), **die das Organ im Falle stationären Abflusses charakterisiert. Sie ist also vom Druckstoß unabhängig.**

Eine charakteristische Randbedingung sei kurz erläutert: (siehe Abb. 39)

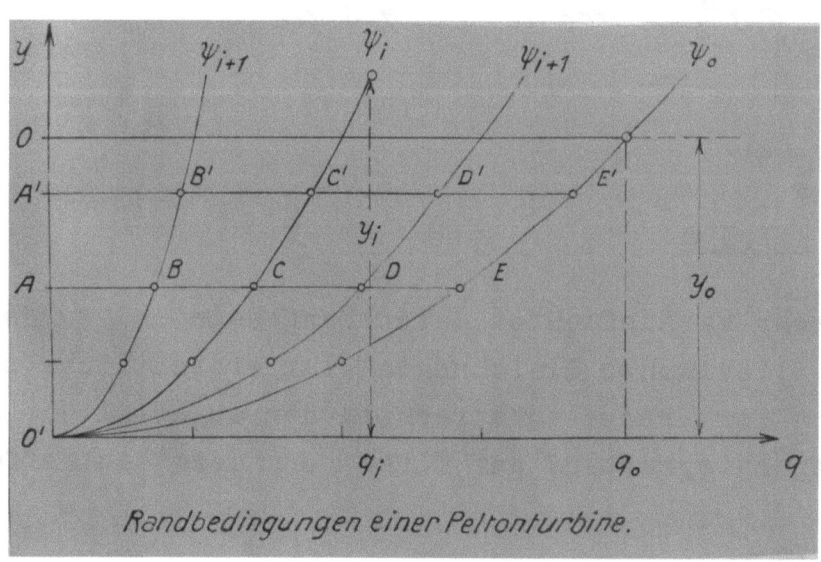

Randbedingungen einer Peltonturbine.

Pelton-Turbine:

Es ist $c_i = \sqrt{2gy_i}$ und $c_o = c$ für $q = q_o$

v in der Druckleitung ist $v_i = q_i/S$

Daraus folgt:

$$v_i = \eta_i\, v_o/c_o \cdot c_i$$

$$q_i = Sv_i = S\, v_o/c_o\, \eta_i\, \sqrt{2gy_i}$$

Die Funktionen $y = y(q)$ sind somit eine Schar von Parabeln.
ψ wirkt hier als Parameter.

β) <u>Stoßgeraden</u> (Abb. 40)

Allgemein lautet die Gleichung der Stoßgeraden:

$$\underline{y_{x,t} - y_{x,T} = \frac{a}{gS}(q_{x,t} - q_{x,T})}$$

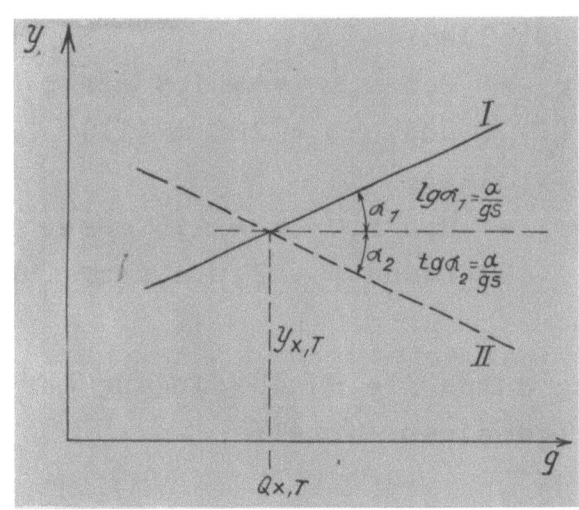

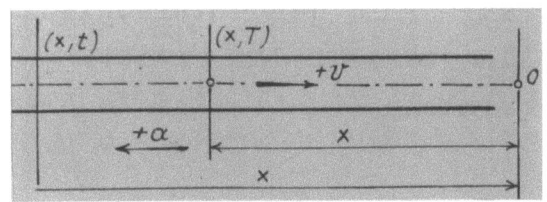

d.h. die Neigung der Stoßgeraden für einen Beobachter, der entlang der Leitung im Sinne der positiven Abszisse ($+x$), d.h. in entgegengesetzter Richtung der Strömung ($-v$) wandert, beträgt

$$\operatorname{tg}\alpha_1 = \frac{a}{gS}$$

analog beträgt der Neigungswinkel für den Beobachter II ($-x, +v$)

$$\operatorname{tg} \alpha_2 = \frac{a}{gS}.$$

Nur für solche Punkte, für welche
$$x = X - (t-T)a \text{ ist,}$$
gilt diese lineare Beziehung.

Mittels dieser beiden Stoßgeraden kann man nun den Druck $y_{(x,t)}$ ermitteln, wenn der Druck $y_{(X,T)}$ in einem Punkt X, T bekannt ist.

b) Anwendung der graphischen Methode zur Ermittlung der Druckstöße in Unterwasserstollen (siehe Blatt 9)

Um die Zusammenhänge zwischen dem normalen Verfahren und dieser Anwendung zu zeigen, wurden zwei verschiedene OW-Stollenlängen und zwar einmal dieselbe Länge wie die des UW-Stollens und das andere Mal die halbe Länge des UW-Stollens verwendet.

Die Zahlenwerte waren folgende:
a) Für den OW-Stollen:
   Durchmesser = 8,0 m, v = 1,5 m/sec Q = 75 m³/sec
   L = 400 m (I)   und   L = 200 m (II)
b) Für den UW-Stollen:
   Durchmesser = 8,0 m, v = 1,5 m/sec Q = 75 m³/sec
   L = 400 m   UW-Stand = + 2,0 m über Turbinenachse

Randbedingungen:

Zur Vereinfachung wurde die Randbedingung der Peltonturbine verwendet nach der allgemeinen Formel:

$$q_1 = S\, v_0/c_0\, \eta_1 \sqrt{2gy_1}$$

wobei sich der η-Wert auf Grund der unterschiedlichen Laufzeiten für den OW- und UW-Stollen verschieden ergibt.
Die somit ermittelten Parabeln (η_1) sind in Blatt 9 aufgetragen.

Stoßgerade:

Die Neigung der Stoßgerade errechnet sich zu $\operatorname{tg}\alpha = a/gS = 2{,}02$
Dieser Wert ist für alle Verhältnisse dieses Beispiels maßgebend.

Anwendung der Methode:

Zunächst wird wie bei der allgemeinen Anwendung eine feste Höhenskala über der q-Linie errichtet. Die aus den Randbedingungen errechneten Parabeln ($\mathcal{V}_i$) werden nach oben (für den OW-Stollen) aufgetragen. Die Zustandslinie für den stationären Abfluß ist die Horizontale durch die 100 m - Linie. Auf ihr liegen alle Punkte C. Mit dem allgemein bekannten Verfahren läßt sich ohne weiteres der Druckverlauf im OW-Stollen ermitteln und zwar für die 2 verschiedenen, angenommenen Längen (I und II).

Für die Druckstöße im UW-Stollen gilt die ganz allgemeine Überlegung, daß bei gleichen Leitungslängen und Verhältnissen die Größe der Druckerhöhung (im negativen Sinne) im UW-Stollen dieselbe sein muß wie die für den OW-Stollen ermittelte, d.h. bei der graphischen Methode müssen die Druckstoßwerte für den UW-Stollen spiegelverkehrt liegen. Diese Beziehung ist in der Darstellung durch Pfeile gekennzeichnet.

Allgemein läßt sich hieraus die Ermittlung der Druckstöße für UW-Stollen festlegen (siehe nebenstehende Darstellung bzw. Blatt 9). Ausgangspunkt für alle Höhenwerte ist die zuvor aufgetragene feste Skala. Außerdem wird eine gleitende Skala benötigt zur Berücksichtigung der UW-Stände und gleichzeitig durch entsprechende Auftragung der Höhenzahlen von oben nach unten zur Auftragung der Randbedingungen (Parabeln). Die Anwendung ist ohne weiteres aus der Darstellung ersichtlich. Dazu mag noch folgende Überlegung gelten: Die Randbedingung muß sowohl für OW- als auch UW-Stollen immer dieselbe sein, d.h. einer bestimmten Spaltöffnung des Abschlußorganes und einem bestimmten Druck entspricht eine bestimmte Wassermenge.

Durch diese Auftragung kann sofort der tatsächlich am Abschlußorgan vorhandene Unterdruck (Druckstoß und statischer Druck) abgelesen werden.

Durch die Auftragung des Druckes über der Zeit (für den OW- und UW-Stollen zugleich) erhält man ein sehr anschauliches Bild über die gesamte Druckstoßbeanspruchung. Dabei läßt sich sehr gut und schnell der Gesamtdruckstoß am Abschlußorgan ermitteln. Außerdem ist ersichtlich, wie sich Veränderungen der OW- und UW-Stollenlängen für die Beanspruchung des gesamten Systems und des Abschlußorganes auswirken.

Bemerkung:
Es ist notwendig, auf folgende <u>wichtige Überlegung</u> hinzuweisen:

Die gesamte, zuvor beschriebene, Druckstoßberechnung beruht auf der Annahme, daß die Druckstoßwellen im OW- und UW-Stollen so hin- und herlaufen, als ob am Abschlußorgan eine totale Reflexion stattfinden würde. Dies ist aber bei einem (z.B. sich langsam schließenden) Abschlußorgan nicht der Fall. Es werden vielmehr nach bisher noch unbekannten Gesetzen gewisse Teilreflexionen und entsprechende Überlagerungen (positiver und negativer Art) von dem einen zum andern Stollen stattfinden. Diese Kenntnis ist für eine exakte Ermittlung der Druckstöße und vor allem der genauen Kenntnis der am Abschlußorgan wirksamen Unterdrücke sehr wichtig.

Eine eingehende Untersuchung sowohl theoretischer Art als auch in Modellversuchen hätte im Rahmen dieser Arbeit zu weit geführt, wird aber Anregung und Grundlage neuer Untersuchungen sein.

c) <u>Vergleich der exakten Druckermittlung mit einer häufig verwendeten Näherungsformel</u>

Eine häufig verwendete Näherungsformel soll mit den bisherigen Ergebnissen verglichen werden. Es wird das bereits verwendete Berechnungsbeispiel zu Grunde gelegt.

Die Formel lautet:
$$P = m \cdot b$$
$$h_u \cdot S = L \cdot S/g \cdot v/T_s$$

T_s = Schließzeit
S = Rohrquerschnitt
h_u = Druckminderung hinter dem Leitrad

In den meisten Fällen wird der Erfahrungsfaktor 1,5 hinzugefügt. Man erhält dann:

$$h_u = 1,5 \cdot 400 \cdot 1,5/9,81 \cdot 8 = \underline{11,4 \text{ m}}$$

Nach der exakten Druckstoßermittlung ergab sich ein Wert von 9,35 m.
Damit beträgt die Abweichung in diesem Falle +22 %, was einem Faktor von 1,23 statt 1,5 entsprechen würde.

Dieser eine Vergleich zeigt, daß Näherungsformeln, die zwar auf Fundamentalsätzen der Mechanik beruhen, aber wesentliche Grundlagen des Druckstoßproblems außer acht lassen, am besten nicht verwendet werden, solange die exakten Methoden anwendbar sind und zum größten Teil mit nicht wesentlicher Mehrarbeit durchgeführt werden können.

Bemerkung zu den bisherigen Untersuchungen:

1. Für das Abschlußorgan ist der Gesamtdruckstoß wichtig, der sich aus dem positiven Druck im Oberwasser und aus dem negativen Druck im Unterwasser ergibt.

2. Für die Verhältnisse im Unterwasser ist der tatsächlich wirksame Unterdruck maßgebend. Er setzt sich aus den folgenden 3 Faktoren zusammen:
    a) Statischer Unterdruck
    b) Dynamische Druckminderung durch Geschwindigkeitsverringerung
    c) Negativer Druckstoß.

3. Die exakte Berechnung des Druckstoßes im Unterwasser erfolgt analytisch nach der Methode von Allievi.

4. Die zweckmäßigste und zugleich schnellste Ermittlung der Druckstöße erfolgt am besten nach dem hier entwickelten Anwendungsverfahren nach der graphischen Methode von Schnyder-Bergeron.

5. Die Überprüfung einer vielfach verwendeten Näherungsformel ergab eine sehr starke Abweichung von den exakten Ergebnissen.

6. Die in diesen Untersuchungen angestellten Überlegungen zeigen die Notwendigkeit, durch weitere Versuche und Theorie Klarheit über die in Unterwasser- und Oberwasserstollen stattfindenden Teilreflexionen und Weiterleitungen zu verschaffen.

7. Bei der Ermittlung der negativen Druckstöße im Unterwasserstollen ist zu berücksichtigen, daß die zulässige Grenze der Beanspruchung bei -10,0 m (besser noch bei -7,0 m) liegt, da sonst ein Abreißen der Wassersäule stattfindet. Maßgebend für den Druckstoßwert ist die Schließzeit der Turbinen und die Stollenlänge, die im Falle zu ungünstiger Werte verändert werden müssen, sofern dies möglich ist.

Oft aber wird diese Grenze auf Grund der gesamten Verhältnisse überschritten werden müssen. In diesem Falle sind geeignete Maßnahmen zu ergreifen.

Es soll deshalb in den nachfolgenden Abschnitten eingehend das Problem des Abreißens geklärt werden. Dabei soll untersucht werden, welche Mittel zur Vermeidung unzulässiger Druckstöße angewandt werden können.

IV. Druckstollen mit großen Unterdrücken beim Abschluß – Abreißen der Wassersäule

1. Allgemeines

Durch die Untersuchungen der vorhergehenden Abschnitte wurden die Methoden herausgestellt, die zur Berechnung der Druckstöße in Unterwasserstollen führen. Gleichzeitig wurde gezeigt, aus welchen Faktoren sich die wirksamen Unterdrücke am Abschlußorgan zusammensetzen und wie wichtig die genaue Kenntnis dieses Wertes für die Bemessung der Gesamtanlage und für die Festsetzung der Betriebsvorschriften ist.

Aus diesen Betrachtungen geht hervor, daß das Abreißen der Wassersäule einer genauen Untersuchung bedarf. Durch die nachfolgenden theoretischen Erklärungen und Ableitungen sowie durch die durchgeführten Modellversuche soll das Problem des Abreißens geklärt und einer Berechnung zugänglich gemacht werden.

2. Abreißen der Wassersäule

Wird in einer Rohrleitung ein Abschlußorgan geschlossen, dann reißt die dahinter befindliche Wassersäule ab, sofern bestimmte Bedingungen vorhanden sind (z.B. Fließgeschwindigkeit im Stollen, Abschlußgeschwindigkeit, Länge des Stollens). Dieser physikalische Vorgang ist allgemein bekannt. Der Abreißvorgang wird dann eingeleitet, wenn die absolute Unterdruckgrenze von $-10,0$ m erreicht wird.

Es ist wichtig, daß dieser Unterdruck bei plötzlichen Schließvorgängen und großen Geschwindigkeiten, aber auch z.B. bei langsamen Schließvorgängen und großen Längen der Unterwasserstollen erreicht wird. Wenn dann das Maximum des Unterdruckes etwa am Ende des Schließvorganges liegt und damit ein Nachsaugen ausgeschlossen ist, dann kann auch in solchen Fällen die Wassersäule abreißen.

Die im Unterwasserstollen in Bewegung befindliche Wassersäule wird beim Abreißen entsprechend der kinetischen Energie solange weiterlaufen, bis diese durch die dagegenstehende Wassersäule und Atmosphärendruck aufgebraucht ist (bei Vernachlässigung der Reibungsverluste). In dieser Zeit entsteht zwischen Abschlußorgan und Wassersäule ein Vakuum, in das die Wassersäule wieder zurückschießt. Dabei wird die Wassersäule durch den vorhandenen Überdruck am Ende annähernd wieder auf die alte Geschwindigkeit beschleunigt werden, so daß diese mit erheblicher Geschwindigkeit auf das Abschlußorgan prallt. Der dabei entstehende Druckstoß ist nichts anderes als der bei einem direkten, plötzlichen Abschluß entstehende Joukowsky-Stoß.

In den nachfolgenden Abschnitten wird dieser Vorgang erfaßt, um eine Berechnungsmöglichkeit für diese Abreißvorgänge mit und ohne Belüftung zu schaffen. Außerdem sollen die Modellversuche den Abreißvorgang veranschaulichen und die errechneten Werte bestätigen.

3. Berechnung des Abreißens der Wassersäule ohne Belüftung

Die im Unterwasserstollen vorhandene kinetische Energie leistet beim Abreißen eine Arbeit gegen den Atmosphärendruck und die vorhandene Wassersäule entlang einer bestimmten Strecke.

Abb. 42

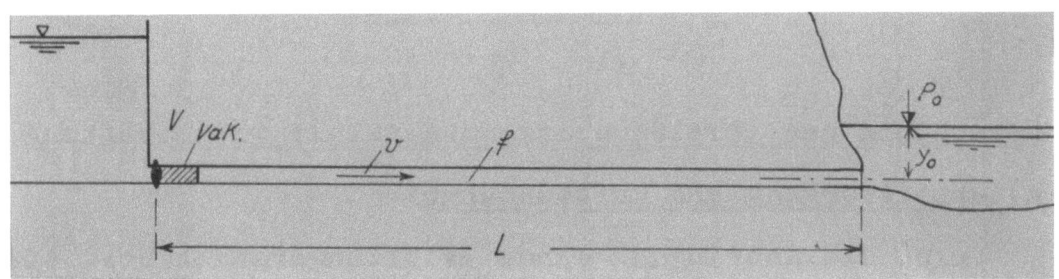

$mv^2/2 = f \cdot l \cdot (p_o + y_o)$

$m = \rho \cdot L \cdot f / g$ einges. erhält man:

$\rho \cdot L \cdot f / g \cdot v_A^2 / 2 = f \cdot l \cdot (p_o + y_o)$

hieraus ergibt sich:

$$l_{Vak.} = L/g \cdot v_a^2 / 2(10,33 + y_o) \qquad (1)$$

v_A = Abreißgeschwindigkeit, d.h. es muß hier die Geschwindigkeit eingesetzt werden, die im Augenblick des Abreißens vorhanden ist. Bei plötzlichem Schließvorgang wird v_A der normalen Geschwindigkeit v_o entsprechen, bei Näherungen wird v_o immer den ungünstigsten Wert ergeben.

Damit erhält man für das Volumen des Vakuums:

$$V_{Vak.} = \frac{L \cdot f}{10,33 + y_o} \cdot v_A^2 / 2g \qquad (2)$$

Dieses Vakuum hat sich in dem Augenblick ausgebildet (zur Zeit t_1), in dem die Wassersäule zum Stehen kommt (v=o).

Indem man mit hinreichender Genauigkeit $v_m = v_A/2$ setzt, läßt sich t_1 ermitteln:

$$t_1 = l_{Vak.} : v_m$$

und man erhält:

$$t_1 = L / (10,33 + y_0) \cdot v_a/g \qquad (3)$$

Zum Zurückfließen benötigt die Wassersäule nun dieselbe Zeit ($t_2 = t_1$), und es wird nun bei Anwendung derselben Energiegleichung v am Ende des Rückstoßvorganges $= v_A$.

Der Aufprall entspricht einem plötzlichen Leitungsabschluß, zu dessen rechnerischen Ermittlung die Gleichung des Joukowsky-Stoßes maßgebend ist:

$$\Delta p = a/g \cdot v_A \qquad (4)$$

oder für eine gute Näherung: $\quad \Delta p = 100 \cdot v_0 \qquad (4')$

4. Berechnung des Abreißens der Wassersäule mit Belüftung

a) Abreißvorgang und Luftaufnahme

Durch die Anbringung eines Belüftungsrohres bzw. eines Belüftungsventils, über deren spezielle Wirkungsweise und Anwendbarkeit später noch einiges bemerkt werden muß, kann von dem Vakuum Luft aufgenommen werden. Dadurch wirkt beim Abreißen nur der Wasserdruck gegen die kinetische Energie, beim Zurückfließen wird die angesaugte Luft komprimiert (bei einem Belüftungsventil) und dadurch die große Gefahr des Rückstoßes auf das Abschlußorgan vermieden.

Die Berechnung dieses Vorganges ergibt sich wie folgt:

Es gilt:

$$mv^2/2 = f \cdot l \cdot y_0$$

$$\frac{\gamma \cdot L \cdot f \cdot v_A^2}{g \cdot 2} = f \cdot l \cdot y_0$$

Die Länge des aufgenommenen Luftvolumens beträgt damit:

$$l_{1\,Luft} = L/y_0 \cdot v_A^2 / 2g \qquad (5)$$

Und das Luftvolumen:

$$V_{Luft} = l \cdot f = L/y_0 \cdot v_A^2/2g \cdot f \qquad (6)$$

Der Zeitpunkt t_1 (Ende des Abreißvorganges) wird analog den Überlegungen bei 3) ermittelt:

$$t_1 = L \cdot v_A / g \cdot y_0 \qquad (7)$$

Für die Dimensionierung des Belüftungsrohres bzw. des Belüftungsschachtes zum Ventil benötigt man die Luftmenge, die in der Zeiteinheit zugeführt werden muß.

Man erhält diese aus:

$$Q_{Luft} = V_{Luft} / t_1$$
$$Q_{Luft} = Lf/y_0 \cdot v_A^2/2g$$

und damit $\underline{Q_{Luft} = f/2 \cdot v_A} \qquad (8)$

Mit Hilfe dieser einfachen Beziehung und nach Festlegung einer höchstzulässigen Luftgeschwindigkeit im Zuführungsschacht ($v_{L\,Grenze}$) erhält man den erforderlichen Belüftungsquerschnitt:

$$\underline{F_{Bel.} = f/2 \cdot v_A / v_{L.Grenze}} \qquad (9)$$

<u>Mit dieser sehr einfachen Gleichung ist eine Beziehung gefunden, die vor allem auch bei anderen Fällen von Belüftungen angewendet werden kann. Gedacht ist hier in erster Linie an die Belüftung von Tiefschützen, über deren genügende Belüftung bereits zahlreiche Untersuchungen angestellt wurden.</u>

Die Anwendung des Abreißvorganges auf die Verhältnisse eines <u>Tiefschützen</u> bedeutet, daß dieser Fall der ungünstigste wäre für die Größe des Belüftungsquerschnittes, da im andern Falle für die normale Schneidenbelüftung nie eine größere Luftaufnahme stattfinden kann (der ansaugende Unterdruck beim normalen Strömungsvorgang ist nie größer als der größtmögliche des Abreißvorganges). Damit ist erwiesen, daß der mit der oben ermittelten Formel dimensionierte Belüftungsquerschnitt immer ausreichend ist.

Nach beendeter Luftaufnahme strömt die Wassersäule zum Abschlußorgan hin zurück und bewirkt bei geschlossenem Ventil eine Komprimierung des eingeschlossenen Luftpolsters. Dieser Vorgang wird im nächsten Abschnitt untersucht. Der Rückstoßvorgang bei einem <u>Standrohr</u> wird in ähnlicher Weise zu behandeln sein, wobei durch den Überdruck ein Teil des Wassers durch das Rohr entweichen kann. In diesem Falle wird meistens eine zusätzliche Anlage nötig, durch die das austretende Wasser aufgefangen werden kann. Eine eingehende Behandlung dieses Falles hat <u>Escande</u> [7] <u>sowohl rechnerisch als auch graphisch durchgeführt.</u>

b) Rückstoßvorgang (Abb. 43)

Das Zurückschwingen der Wassersäule gegen das Luftpolster stellt praktisch eine normale Schwingung dar, bei der allerdings das Luftpolster an der einen Seite komprimiert und damit eine fortschreitend anwachsende Dämpfung bewirkt wird.

Das Maximum der Luftkompression wird gesucht. Als Grundlage dient die **allgemeine Eulersche Gleichung.**
Durch Umformung folgt aus der Eulerschen Gleichung:

$$\frac{\delta}{\delta s}\left(\frac{v^2}{2} + \frac{p}{\rho} + gy\right) + \frac{\delta v}{\delta t} = 0$$

Und durch Integration die **Bernoulli-Gleichung für die nichtstationären Zustände:**

$$\frac{v^2}{2} + \frac{p}{\rho} + gy + \int_0^s \frac{\delta v}{\delta t}\, ds = \text{const.}$$

Für zwei beliebige Punkte einer Stromlinie gilt:

$$\frac{v_1^2}{2g} + \frac{p_1}{\gamma} + gy_1 + \frac{1}{g}\int_0^{s_1} \frac{\delta v}{\delta t}\, ds = \frac{v_2^2}{2g} + \frac{p_2}{\gamma} + y_2 + \frac{1}{g}\int_0^{s_2} \frac{\delta v}{\delta t}\, ds$$

oder

$$\frac{v_1^2}{2g} + \frac{p_1}{\gamma} + y_1 - \left(\frac{v_2^2}{2g} + \frac{p_2}{\gamma} + y_2\right) = \frac{1}{g}\int_{s_1}^{s_2} \frac{\delta v}{\delta t}\, ds$$

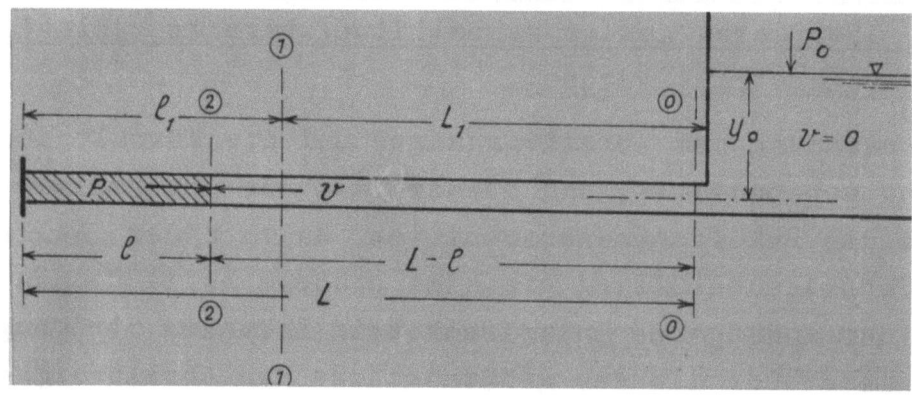

Abb. 43

Die Bernoulli-Gleichung für die Querschnitte o und 2 lautet:

$$0 + \frac{p_0}{\gamma} + y_0 - \left(\frac{v^2}{2g} + \frac{p}{\gamma} + 0\right) = \frac{1}{g}\int_0^2 \frac{\delta v}{\delta t}\, ds$$

Da $\frac{\delta v}{\delta t}$ vom Ort unabhängig ist (gleicher Rohrquerschnitt), kann der Integralwert geschrieben werden:

$$\int_1^2 \frac{\delta v}{\delta t}\, ds = \frac{dv}{dt}\int_0^{L-\ell} ds = \frac{dv}{dt}(L-\ell)$$

und erhält damit:

$$\frac{p_0}{\gamma} + y_0 = \frac{1}{g}\frac{dv}{dt}(L-\ell) + \frac{v^2}{2g} + \frac{p}{\gamma}$$

Es ist nun

$$v = -\frac{d\ell}{dt}$$

Ferner ergibt sich für den Druck p nach den Gesetzen von Boyle-Mariotte und Gay-Lussac:

$p \cdot V = p_0 \cdot V_1$ und daraus:

$p \cdot f \cdot l = p_0 \cdot f \cdot l_1$

$p = l_1/l \cdot p_0$

Es gilt dies bei konstanten Temperaturen, d.h. solange ein Temperaturausgleich stattfinden kann (also bei nicht allzu großen Geschwindigkeiten, was hier zutrifft). Exakt gilt ferner diese Formel nur bei vollkommenen Gasen.

Damit lautet nun die Bernoulli-Gleichung:

$$\frac{p_0}{\gamma} + Y_0 = -\frac{1}{g}\frac{d^2\ell}{dt^2}(L-\ell) + \frac{1}{2g}\left(\frac{d\ell}{dt}\right)^2 + \frac{p_0}{\gamma} \cdot \frac{\ell_1}{\ell} \tag{10}$$

Dieser Ausdruck stellt eine Differentialgleichung 2. Ordnung dar von der Form $y'' = f(y',y)$

Durch Umstellung der Ausgangsgleichung erhält man

$$\frac{d^2\ell}{dt^2} = -\frac{g}{L-\ell}\left(\frac{p_0}{\gamma} + Y_0\right) + \frac{g}{\gamma}\frac{p_0 \cdot \ell_1}{\ell(L-\ell)} + \frac{1}{2(L-\ell)}\left(\frac{d\ell}{dt}\right)^2$$

und damit in der allgemein üblichen Schreibweise

$$\ddot{\ell} = \frac{\dot{\ell}^2}{2(L-\ell)} + \frac{g}{\gamma}\frac{\ell_1 \cdot p_0}{(L-\ell)\ell} - \left(\frac{p_0}{\gamma} + Y_0\right)\frac{g}{L-\ell}$$

Die Differentialgleichung ist von der Form:

$$\ddot{\ell} + f^x(\ell) \cdot \dot{\ell}^2 + g^x(\ell) = 0$$

Durch die Substitution

$$u(\ell) = \dot{\ell} \qquad \frac{du}{d\ell} \cdot \frac{d\ell}{dt} = \ddot{\ell} \qquad \ddot{\ell} = \frac{du}{d\ell}u(\ell) = u' \cdot u$$

wobei die Ableitungen nach t mit $\cdot$
" " " " l " $'$ bezeichnet sind,

erhält man die Bernoullische Differentialgleichung

$$u' + f^x(\ell) \cdot u = -g^x(\ell) \cdot u^{-1}$$

Weiterhin wird eingeführt

$$z(\ell) = u^2 \qquad \frac{dz}{d\ell} = z' = 2u \cdot u'$$

und damit erhält man die inhomogene Differentialgleichung 1.Ordnung

$$z' + f(\ell)z = g(\ell)$$

wobei $f(\ell) = 2f^x(\ell)$ ist

$g(\ell) = -2g^x(\ell)$

Die **Allgemeine Lösung** setzt sich zusammen aus der homogenen und der partikulären Lösung:

$$f(l) = -\frac{1}{L-l}$$

$$g(l) = \frac{a}{l(L-l)} - \frac{b}{L-l}$$

wobei

$$a = \frac{2g}{\gamma} l_1 p_0$$

$$b = 2g\left(\frac{p_0}{\gamma} + y_0\right) \qquad \text{ist.}$$

Die allgemeine Lösung der homogenen Differentialgleichung

$$z' + f(l)\, z = 0$$

ist (mittels Separation der Variablen)

$$z_h = c \cdot e^{-\int f(l)\, dl}$$

Eine partikuläre Lösung der inhomogenen Differentialgleichung ist nach Lagrange

$$z_p = e^{-\int f(l)\, dl} \cdot \int g(l)\, e^{\int f(l)\, dl}\, dl$$

Die **Allgemeine Lösung ist also:**

$$z = z_h + z_p$$

Die durch die Anfangsbedingung $\quad t_0 = 0 \to l_0 = l_1$
$\qquad\qquad\qquad\qquad\qquad\qquad\qquad l_0 = 0 \to u_0\; z_0 = 0$

ausgesonderte Spezielle Lösung
hat die allgemeine Form:

$$z = e^{-F}\left[z_0 + \int_{l_1}^{l} g(l)\cdot e^{F}\, dl\right] \qquad F = \int_{l_1}^{l} f(l)\, dl$$

Voraussetzung ist die Stetigkeit der Funktion f(l) und g(l) im Operationsintervall (l_0, l)

Lösung:

$$F = \ln(L-\ell) - \ln(L-\ell_1)$$
$$= \ln \frac{L-\ell}{L-\ell_1}$$

$$\int_{\ell_1}^{\ell} g(\ell) e^{F} d\ell = \frac{a}{L_1} \cdot \ln \frac{\ell}{\ell_1} + \frac{b}{L_1}(\ell_1 - \ell)$$

$$z = \frac{a}{L-\ell} \ln \frac{\ell}{\ell_1} + b \frac{\ell_1 - \ell}{L-\ell}$$

Aus dieser speziellen Lösung (für die aufgestellte Anfangsbedingung) läßt sich nun rückwärts ermitteln

$$u = \frac{d\ell}{dz} = \sqrt{z}$$

und erhält damit

$$\frac{d\ell}{dt} = \sqrt{\frac{a}{L-\ell} \ln \frac{\ell}{\ell_1} + b \frac{\ell_1 - \ell}{L-\ell}} \tag{11}$$

Diese Gleichung gibt die Geschwindigkeit in Abhängigkeit des Ortes (1) an.

Der Schwingungsvorgang wird beschrieben durch

$$t = \int \frac{d\ell}{\sqrt{\frac{a}{L-\ell} \ln \frac{\ell}{\ell_1} + b \frac{\ell_1 - \ell}{L-\ell}}} + C \tag{12}$$

wobei sich C aus den Anfangsbedingungen $t=0$ $l=l_1$ ergibt.

Es interessiert nun der Wert $l_2 = l_{min}$ für $dl/dt = 0$

Es folgt aus

$$\frac{dl}{dt} = \sqrt{\frac{a}{L-l_2} \ln \frac{l_2}{l_1} + b \frac{l_1 - l_2}{L - l_2}} = 0$$

$$a \ln \frac{l_1}{l_2} = b(l_1 - l_2)$$

und damit

$$l_2 = l_1 - \frac{a}{b} \ln \frac{l_1}{l_2} \tag{13}$$

Diese Gleichung ist natürlich erfüllt für $l_2 = l_1$.

Die 2., hier interessierende Lösung läßt sich durch Proberechnung oder auf graphischem Wege ermitteln.

$$\frac{a}{b} = \frac{l_1 p_0}{p_0 + \gamma_0 \delta}$$

$$\frac{l_2}{l_1} = 1 + \frac{p_0}{p_0 + \delta \gamma_0} \ln \frac{l_1}{l_2} \tag{14}$$

Wie aus dieser letzten Gleichung (14) hervorgeht, ist l_2 unabhängig von der Länge des Stollens (L).

Der maximale Druck p_2 ist nur abhängig von γ_0

Setzt man nun $l_2/l_1 = x$, dann erhält man

$$x = 1 + \frac{p_0}{p_0 + \delta \gamma_0} \ln x \tag{15}$$

und der Druck ergibt sich dann zu

$$p_2 = p_0 / x \tag{16}$$

5. Berechnungsbeispiel für das Abreißen mit und ohne Belüftung

Es sind folgende Werte gegeben (siehe Abb. 44):

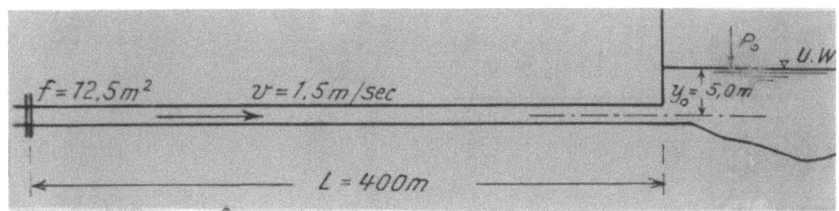

$L = 400$ m $\quad y_o = 5,0$ m $\quad$ Durchmesser des Stollens $= 4,0$ m
$V = 1,5$ m/sec $\quad\quad Q = 18,8$ m³/sec $\quad f_{St} = 12,5$ m²

a) Stollen unbelüftet:

Es wird angenommen, daß der Stollen plötzlich total abgeschlossen wird. Der dabei auftretende Druckstoß würde bei Anwendung der Joukowsky-Stoßformel für den normalen Abschaltvorgang auf jeden Fall die -10 m Grenze erreichen, die Wassersäule würde abreißen.

Dann beträgt

$$l_{Vak.} = L/g \cdot v_A^2 / 2(10,33 + y_o)$$

$$= 400/9,81 \cdot 2,25 / 2 (10,33 + 5,0)$$

$$= \underline{3,0 \text{ m}}$$

Und damit $V_{Vak.} = 3,0 \cdot 12,5 = \underline{37,5 \text{ m}^3}$

ferner wird $\underline{t_1 = 4 \text{ sec}}$, d.h. der gesamte Abreißvorgang und Rückstoß beträgt $\underline{8 \text{ sec.}}$

Der Rückstoß beträgt bei $a = 1200$ m/sec

$$p = 1200/9,81 \cdot 1,5 = 184 \text{ m WS} = \underline{18,4 \text{ at}}$$

(Stollen unbelüftet)

b) Stollen belüftet

α) Abreißen und Luftaufnahme

l_1 (am Ende der Luftaufnahme)

$= \underline{9,17 \text{ m}}$

$\underline{V_{Luft} = 114,5 \text{ m}^3}$

Zeitlicher Ablauf:

$t_1 = 12,2$ sec werden bis zum Ende der Luftaufnahme benötigt

Daraus der Luftbedarf:

$Q_{Luft} = 9,4 \text{ m}^3/\text{sec}$

Notwendiger Belüftungsquerschnitt

$F_{Bel.} = 9,4/25 = \underline{0,38 \text{ m}^2}$ gew. $\emptyset$ 0,70 m mit $F_{vorh.} = 0,39 \text{ m}^2$

β) Mit $l_2/l_1 = x$ soll sein

$$x = 1 + \frac{p_0}{p_0 + y_0} \ln x$$

eingesetzt erhält man

$$x = 1 + 10,33/15,33 \ln x$$

Durch Proberechnung ist nun der x-Wert zu suchen, der dieser Gleichung genügt. $x = 1/2,4 = 0,42$.

Am besten verwendet man bei der Proberechnung für x die Zahlenwerte nicht als Dezimale, sondern als Bruch, da $\ln \frac{1}{2} = \ln 10 - \ln 20$ usw.

Man kann auch aus obiger Gleichung durch Umformung

$$1,5 (x-1) = \ln x$$

erhalten.

Man zeichnet dann die Gerade $y_1 = 1,5 x - 1,5$
und die Kurve $y_2 = \ln x$
und erhält auf graphischem Wege denselben Wert.

Man erhält dann den maximalen Druck aus $\underline{\underline{p_2 = p_0/x = 2,4 \text{ at}}}$

Das auf 9,17 m ausgedehnte Luftpolster ist dann im Endzustand auf $l_2 = x l_1 = \underline{3,83 \text{ m komprimiert.}}$

6. Modellversuche zur Klärung des Abreißvorganges und Überprüfung der ermittelten Berechnungsformeln

Um den Abreißvorgang sichtbar zu machen und damit Erkenntnisse über den tatsächlichen Vorgang zu erhalten, außerdem die errechneten Werte mit den gemessenen zu überprüfen, wurden Modellversuche durchgeführt.

a) Das Modell und die durchgeführten Versuche

Für die Versuche wurde das bei den Schwallversuchen verwendete Modell benützt, wie es in Blatt 1 und Tafel 1 u. 2 ersichtlich ist und in Abschnitt C, IV ausführlich beschrieben wurde. An Stelle des Saugrohres und des anschließenden Plexiglasrohres wurde im Anschluß an das Venturirohrstück eine Drosselklappe ⌀ 100 mm eingebaut, anschließend ein Plexiglasrohr mit einer Länge von 1,0 m, einem Durchmesser von 100 mm und einer Wandstärke von 10 mm. Daran anschließend wurde ein Rohr ⌀ 100 mit einem Übergangsstück auf die ⌀ 200 er Leitung angeschlossen.

Die Versuche wurden mit verschiedenen Wassermengen und damit veränderlichen Strömungsgeschwindigkeiten durchgeführt. Durch plötzlichen Abschluß der Rohrleitung mit der Drosselklappe wurden die Abreißvorgänge erzeugt, die durch das Plexiglas sehr gut beobachtet werden konnten. Die auf den Tafeln 30-32 ersichtlichen Aufnahmen wurden mit einem Elektronenblitz mit 1/600 belichtet. Zur Registrierung des Druckverlaufes diente ein Maihak-Indikator, der zur Vermeidung ungenauer Messungen durch Luftaufnahme am Ende des Plexiglasrohres angeschlossen war. Dennoch muß betont werden, daß die Leistungsgrenze der Maihak-Indikatoren bei diesen sehr schnellen und hohen Druckwechseln (vor allem wegen des Meßbereiches im Negativen) sehr schnell erreicht ist. In dem vorliegenden Falle konnten die Druckerhöhungen bis etwa 15 at noch gut und genau registriert werden, darüber begannen in zunehmendem Maß die Meßungenauigkeiten.

b) Versuchsergebnisse

Die bei nicht belüftetem Rohr durchgeführten Abreißvorgänge (eine Versuchsreihe mit Belüftungsventil war aus modelltechnischen Gründen nicht möglich) und damit erzeugten Rückstöße sind mit ihren gemessenen Werten auf Blatt 7 aufgetragen. Vergleichsweise dazu sind die den q-Werten entsprechenden errechneten Werte aufgetragen. Man erkennt eine gute Übereinstimmung der Werte.

Die für den Abreißvorgang charakteristischen Diagramme sind auf den Tafeln 28, 29 zu sehen und dort besprochen.

Die Bilder auf den Tafeln 30-32 zeigen sehr deutlich, wie der Abreißvorgang aussieht. Durch den am Abschlußorgan entstehenden Unterdruck entsteht ein Verdampfungsprozeß.

Durch den in dem Vakuum entstehenden Wasserdampf wird die Größe des errechneten Vakuums nicht erreicht, aber dennoch besteht der absolute Unterdruck von -10,0 m (siehe Diagramm). Dieser Druckunterschied genügt, daß der Vorgang des Rückstoßes zustande kommt und damit derselbe Wert auftritt wie berechnet.

V. Zusammenfassung der wichtigsten Ergebnisse und daraus sich ergebende Folgerungen

Auf Grund der Untersuchungen über Druckstollen ohne Wasserschloß und der dabei ermittelten Ergebnisse lassen sich einige allgemein gültige Angaben über die Anlage von Druckstollen machen.

1. Reine Druckstollen ohne Wasserschloß werden vor allem dort möglich sein, wo durch kurze Stollenlänge oder durch äußerst günstige Regulierzeiten die Druckstöße keine großen bzw. ungünstigen Werte (bes. für die Turbinenregelung) annehmen.

2. Druckstollen ohne Wasserschloß werden in vielen Fällen dort auftreten, wo Freispiegelstollen durch die in früheren Kapiteln erwähnten Gründe zeitweilig bis bzw. über den Scheitel gefüllt sind. Für alle diese Fälle ist eine Beachtung der bei Druckstollen auftretenden Vorgänge und eine rechnerische Überprüfung unbedingt notwendig.

3. Die Berechnung der auftretenden Druckstöße erfolgt nach den angeführten analytischen und graphischen Verfahren.

4. Die Ermittlung der wirksamen Unterdrücke am Abschlußorgan ist sehr wichtig und erfolgt nach dem in Blatt 8 ersichtlichen Verfahren.

5. Wenn die ermittelten Unterdrücke die -10,0 m-Grenze erreichen, d.h. wenn die Gefahr des Abreißens besteht, dann ist nach Möglichkeit zu versuchen, durch Veränderung der Schließzeiten oder sogar durch Verkürzung der Stollenlänge diese Möglichkeit des Abreißens zu beseitigen.

6. In den Fällen, bei denen entweder bereits im Normalbetrieb die Unterdruckgrenze auf Grund besonderer Bedingungen (hohe Fließgeschwindigkeiten, große Stollenlängen) oder auch nur in Sonderfällen (Schnellschluß der Drosselklappe usw.) erreicht wird, muß durch geeignete Maßnahmen der gefährliche Abreißvorgang und Rückstoß in das Vakuum vermieden werden.

Es ist dies möglich durch besondere Belüftungsventile, bei denen allerdings die Frage zu prüfen ist, wie schnell und in welchem Umfang diese reagieren (bei dem doch sehr schnellen und kurzfristigen Vorgang). Im anderen Falle ist ein Standrohr (bes. bei Rohrleitungen) anzubringen, das dann bei einem Druckanstieg überläuft. In vielen Fällen ist dies aber nicht möglich, da sonst auch bei jeder Belastungssteigerung der Steigschacht überläuft.

In vielen Fällen wird erst eine eingehende wirtschaftliche Untersuchung aller Möglichkeiten (einschließlich eines normalen Wasserschlosses) den Ausschlag geben, welche Lösung in wirtschaftlicher und technischer Hinsicht zugleich die beste ist.

Die durch die Belüftung eintretende Luft wird sich bei langen Stollen mit geringem Gefälle sehr lange im Scheitel halten und nur sehr langsam weiterwandern. Die im Abschnitt D angestellten Untersuchungen haben gezeigt, daß sich diese Luftblasen sehr ungünstig auswirken können. Abgesehen von dem durch die Luftblasen verminderten Abführungsvermögen des Stollens (vermehrte Reibung) können diese bereits im stationären Abfluß durch Zusammenfallen örtliche Spannungsspitzen bewirken. Am gefährlichsten aber können die Lufteinschließungen dann werden, wenn durch Druckstöße die Erscheinungen auftreten, die im Abschnitt D und in den Diagrammtafeln aufgezeigt sind.

7. Die für die Belüftung notwendigen Querschnitte der Luftzuführungen können mit den hier entwickelten Formeln errechnet werden.

Gleichzeitig sind diese Formeln auch verwendbar für die Bemessung der Belüftungen von Tiefschützen und ähnlicher Abschlußorgane.

H. Zusammenfassung der gesamten Ergebnisse und daraus sich ergebenden Erkenntnisse für die Anlage von Unterwasserstollen

Die Aufgabe dieser Arbeit war es, durch Modellversuche und theoretische Untersuchungen vor allem die Verhältnisse bei Unterwasserstollen zu klären, die durch den Wechsel der Abflußverhältnisse sowohl beim stationären als auch beim nichtstationären Abfluß entstehen.

Die hieraus gewonnenen Erkenntnisse stellen eine Erweiterung der Kenntnisse über die hydraulischen Vorgänge in Stollen und zugleich eine Klärung und Ergänzung für die Planung von Unterwasserstollen dar. Die hydraulischen Probleme und ihre praktische Anwendung sind so eng miteinander verknüpft, so daß eine generelle Trennung der Ergebnisse nach diesen Gesichtspunkten nicht möglich ist.

Es ergaben sich folgende wesentliche Ergebnisse:

1. Die für Freispiegelstollen ermittelten günstigsten Fülltiefen können nicht ohne weiteres verwendet werden, da in den meisten Fällen durch die Schwallwellen Wasserspiegelhöhen erreicht werden, durch die der Freispiegelstollen bis zum Scheitel gefüllt wird und damit seinen ursprünglichen Charakter verliert.

2. Zur Berechnung der Schwallwellen kann die ermittelte Kurventafel verwendet werden (Blatt 2). Sie ist auf der Schwallformel für Stollen aufgebaut.

3. Die Versuchsergebnisse haben gezeigt, daß die Schwallwellen im Scheitelbereich stärkere Verformungen erleiden, wodurch zum Teil erhebliche Schwallerhöhungen hervorgerufen werden. Es ist deshalb sehr wichtig, zu den ermittelten Schwallwerten einen Sicherheitszuschlag zu machen, über dessen Größe allerdings keine nähere Angabe gemacht werden kann. Es wurden bei den Versuchen Schwallerhöhungen bis zu 25 % gemessen, jedoch erscheinen in ungünstigen Fällen solche bis zu 50 % möglich.

4. Die Verformungen der Schwallwellen können in zwei grundsätzlich verschiedene Arten unterteilt werden:
   a) Verformung in Achsrichtung (Branden, Abflachen)
   b) Verformung senkr. zur Achsrichtung (Randaufwölbung)

5. Durch die zuvor erwähnten Schwallerhöhungen sowie durch Schwingungswellen kann ein Freispiegelstollen durch vorübergehenden Scheitelabschluß den Charakter eines Druckstollens annehmen und damit den entsprechenden Beanspruchungen ausgesetzt sein. Außerdem aber können besondere Beanspruchungen durch die Lufteinschließungen auftreten.

6. Die Lufteinschließungen in einem Druckstollen können nach den Ermittlungen bei einem negativen Druckstoß z.T. erhebliche Druckbeanspruchungen an den Wänden und am Abschlußorgan hervorrufen. Aus diesem Grund sind unbedingt solche Lösungen zu vermeiden, bei denen Luft in einen Druckstollen eindringen kann.

Handelt es sich aber um Freispiegelstollen, die nur vorübergehend unter Druck stehen, dann ist eine Belüftung im Scheitel unerläßlich. Es entsteht dann beim Abschluß der Leitung ein normaler Sunk.

7. Die bei Freispiegelstollen im Übergangsbereich notwendige Belüftung vermeidet außerdem den gefährlichen Rückstoß des Abreißvorganges, sofern die Druckstöße etwa -10 m betragen würden.

8. Der bei Belüftung des Stollens sich ausbildende Sunk ist möglich, solange die Gegendruckhöhe nicht größer wird als die Geschwindigkeitshöhe des Sunkes.

9. Die Wellenfortpflanzungsgeschwindigkeit des Druckstoßes in einem Wasser-Luftgemisch beträgt

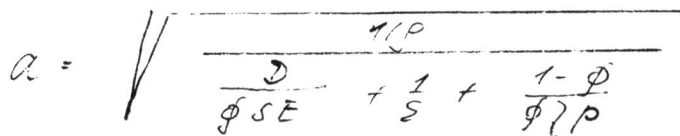

$$a = \sqrt{\frac{1/\rho}{\frac{D}{\phi s E} + \frac{1}{S} + \frac{1-\phi}{\phi \gamma \rho}}}$$

10. Bei Überschreiten des Grenzbereiches (entweder Freispiegelstollen mit großen Schwallwellen oder Druckstollen mit starker Absenkung bei Entlastung) können Schwallkammern bzw. partial wirkende Wasserschlösser angeordnet werden.

Die Berechnung der Schwallkammern erfolgt nach dem Verfahren von Favre [29].

Für die zu erwartenden Lufteinschließungen müssen Einrichtungen vorgesehen werden, die eine möglichst rasche Entlüftung der Leitung ermöglichen.

11. Reine Druckstollen werden nur dann möglich sein, wenn auf Grund geringer Stollenlänge bzw. günstiger Regulierzeiten Druckstöße entstehen, die bes. im Hinblick auf die Turbinenregelung keine ungünstigen Werte annehmen.

12. Die Berechnung der Druckstöße erfolgt am zweckmäßigsten nach dem hier angegebenen graphischen Verfahren.

13. Die Ermittlung der am Abschlußorgan wirksamen Unterdrücke kann nach dem im Blatt 8 aufgetragenen Schema durchgeführt werden. Sie ist wichtig für alle Druckstollen und auch für den unter Druck stehenden Saugschlauchteil bis zum Wasserschloß.

14. Bei Erreichen der -10 m-Grenze besteht die Gefahr des Abreißens. Man kann dies u.U. durch Veränderung der Schließzeiten oder Verkürzung des Stollens vermeiden.

15. Wenn sich dieser Abreißvorgang nicht vermeiden läßt, dann müssen durch geeignete Maßnahmen die gefährlichen Auswirkungen des Rückstoßes vermieden werden.

Dies ist durch die Anlage von Belüftungsventilen oder Standrohren möglich.

Wie die theoretische Untersuchung dieser Fälle zeigt, wird durch Belüftung des Vakuums eine sehr wesentliche Reduzierung des Rückstoßdruckes erreicht.

Die Größe der Belüftungsquerschnitte und -Zeiten kann nach den hier entwickelten Formeln ermittelt werden.

Zu beachten ist, daß bei Standrohren auf Grund des Rückstoßes jeweils Wasser überläuft.

16. Die in dieser Arbeit entwickelten Formeln für die Belüftung der abreißenden Wassersäule lassen sich auch bei sonstigen Abschlußvorgängen (z.B. bei der Belüftung von Tiefschützen) verwenden.

17. Bei einem großen Teil von Unterwasserstollen, besonders bei großen Längen, wird die Anlage von Wasserschlössern notwendig und in diesem Sinne auch am besten sein, vor allem, um eine stoßfreie Turbinenregelung zu erreichen.

18. Da es sich in den meisten Fällen um gekuppelte Wasserschloßanlagen handelt, ist eine Untersuchung der Stabilitäts- und Schwingungsverhältnisse notwendig.

Literaturnachweis

1. Bergeron, L.   Du coup de bélier en Hydraulique, Dunod Paris 1950

2. Bergeron, L.   Etude des variations de regime dans les conduites d'eau.
Rev.gen. 1935

3. Böss, P.   Berechnung der Wasserspiegellage
II. Teil: Zeitlich veränderliche Wasserbewegungen in offenen Gerinnen
V.D.I.-Verlag 1927

4. Cuenod, M. u. Gardel, A.   Etudes des ondes de translation de faible amplitude dans le cas des canaux d'amenée des usines hydro-electriques
Bull.Techn.d.l.Suisse Romande 1952

5. Dennis, N.G.   Water Turbine Governors
Proc.I.Mech.E. 1953

6. Escande, L.   Etude de la stabilité des chambres d'équilibre et étranglement
Academie des sciences 1952

7. Escande, L.   Etude theorique et experimentale du fonctionnement en charge des canaux de fuite en l'abscence de cheminée d'équilibre
La houille blanche 1953

8. Evangelisti, G.   La regolazione delle turbine idrauliche
Zanichelli, Bologna 1947

9. Favre, H.   Ondes de translation
Dunod, Paris 1935

10. Feifel, E.   Über die veränderliche, nichtstationäre Strömung in offenen Gerinnen
Berlin 1915

11. Frank u. Schüller   Schwingungen in den Zuleitungs- und Ableitungskanälen von Wasserkraftanlagen
Springer 1938

12. Gaden, D. — Contribution à l'étude des régulateurs de vitesse.
La concorde, Lausanne 1945

13. Gandenberger, W. — Druckschwankungen in Wasserversorgungsleitungen
München 1950

14. Ghetti, G. — Ricerche sperimentali sulla stabilita di regolazione
Milano 1947 u. 1948

15. Ghetti, G. — Sulla stabilita delle oszillazione negli impianti idro elletrici provisti di un sistema complesso di condotti e pozzi piezometrici
Energia elletrica 1947

16. Ghetti, G. — Ricerche sperimentali sulla stabilita di regolazione
Energia elletrica 1951

17. Jaeger, Ch. — Theorie generale du coup de belier
Dunod, Paris 1933

18. Jaeger, Ch. — L'agrandissement des usines hydroelectriques
Technique moderne 1938

19. Jaeger, Ch. — Theorie of resonance in pressure conduits
A.S.M.E. 1939

20. Jaeger, Ch. — Water hammer effects in Power conduits
Civ.Eng., Ldn. 1948

21. Jaeger, Ch. — Underground hydro-electric power-stations
Civ.Eng. 1948/49

22. Jaeger, Ch. — Techn. Hydraulik
Birkhäuser, Basel 1949

23. Jaeger, Ch. — Developments of intake works and surge tanks
Water power 1949

24. Kaech, A. — Die projektierten Wasserkraftwerke Greina-Blenio
Schweizer.Bauztg. 1946

25. Kruck, G. — Das Limmatwerk Wettingen
Njbl.naturfr.Ges. Zürich 1934

26. Lewin, D. — Design and construction of underground hydroelectric power plants
Amer.Soc.Civ.Eng. New York 1950

27. Meyer, R. — Conditions analogues à celles de Thoma pour une installation hydroélectrique ayant une cheminée d'équilibre à l'amont et une autre à l'aval des turbines
La houille blanche 1953

28. Meyer-Peter, E. — Über einige Probleme des Kraftwerkbaues
Schweizer.Bauztg. 1943

29. Meyer-Peter, E.; Favre, H. — Über die Eigenschaften von Schwallen und die Berechnung von Unterwasserstollen
Schweizer.Bauztg. 1932

30. Prandtl, L. — Führer durch die Strömungslehre
Vieweg 1944

31. Rouse, H. — Engineering hydraulics
Wiley and Sons 1951

32. Schleiermacher, E. — Wasserabfluß durch Stollen
Oldenburg 1928

33. Schnyder, O. — Druckstöße in Pumpensteigleitungen
Schweiz.Bauztg. 1929

34. Straubel — Zur Theorie gekuppelter Wasserschlösser
Wasserkraft und Wasserwirtsch. 1943

35. Streck — Grund- und Wasserbau in prakt. Beispielen
1950

36. Tölke, F. — Neue Mittel- und Hochdruck-Wasserkraftanlagen
VDI-Zeitschrift 1953

Lebens- und Bildungsgang

1921	20.2. in Kusel geboren
1927 - 1931	Volksschule Kusel
1931 - 1936	Human. Gymnasium Kusel
1937 - 1939	Human. Gymnasium Kaiserslautern
1939	Abitur
1939	Beginn des Bauingenieurstudiums an der T.H. München
1940 - 1946	Kriegsdienst bei der Luftwaffe und Gefangenschaft
1946 - 1949	Bauingenieurstudium an der T.H. Karlsruhe
1949	Diplomprüfung
1949 - 1952	Tätigkeit als Bauführer und Bauleiter bei der Bauunternehmung Alfred Kunz & Co., München
Seit 1952	Wissenschaftlicher Assistent und Betriebsleiter am Institut für Hydromechanik, Stauanlagen und Wasserversorgung, Direktor Prof.Dr.-Ing. P. Böss, T.H. Karlsruhe

Modellversuche: Tafel 1.

Schwall und Sunk in Unterwasserstollen.

Ansicht des Versuchsstandes.

Bild 1:

- a = Schieber zur Regulierung der Wassermenge
- b = Venturirohrstück
- c = Zuleitung ⌀ 150 mm
- d = Drosselklappe
- e = Maihakindikator
- f = Saugschlauch aus Beton ⌀ 150 - ⌀ 250 mm mit anschließendem Plexiglasrohr ⌀ 200 mm
- g = Meßeinrichtung (siehe Tafel 2)
- h = Stabelektroden
- i = Piezometerrohr
- k = Rohrleitung ⌀ 200 mm, L = 29 m

Modellversuche: Tafel 2.

Schwall und Sunk in Unterwasserstollen

Bild 2:
Reflektierter Füllschwall in der unteren Hälfte eines Kreisprofiles. Kopfwelle brandend, nachfolgender Wasserspiegel ausgeglichen.

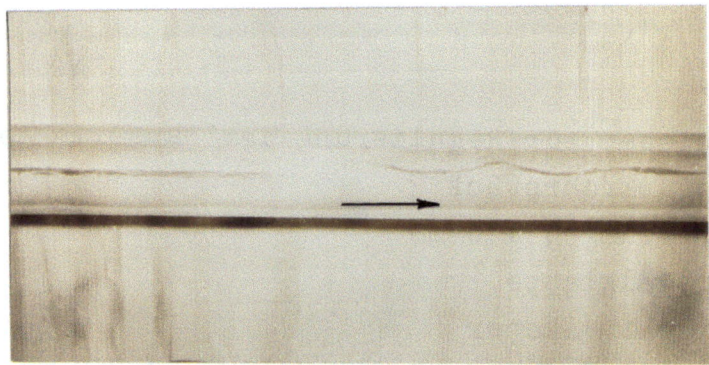

Bild 3:
Schwallwelle mit überlagerter Schwingungswelle, die durch die Kreuzung des Füllschwalles mit einer neuen entgegenkommenden Schwallwelle entstanden ist.

Modellversuche: Tafel 3.

Schwall und Sunk in Unterwasserstollen

Bild 4:
Schwallwelle in der oberen Kalotte des Stollens. Sehr flache Reaktionswellen. Randaufwölbung des Schwallkopfes.

Bild 5:
Schwallwelle im Kreisprofil bei mittlerer Füllung.

Modellversuche: Tafel 4.

<u>Schwall und Sunk in Unterwasserstollen</u>

<u>Verformung des Schwallkopfes</u>

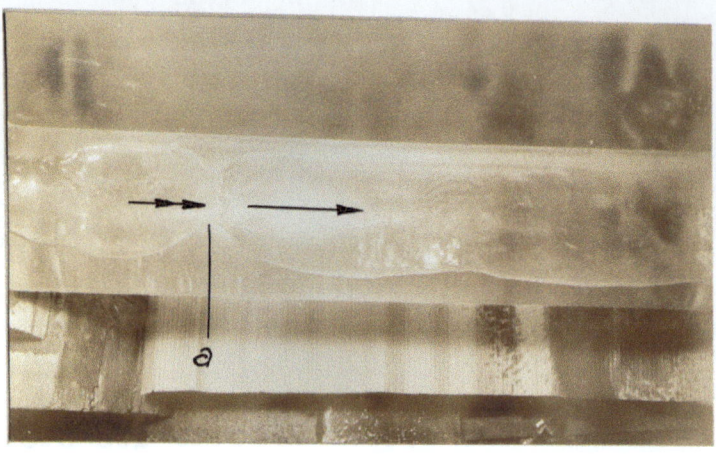

<u>Bild 6:</u>

(Draufsicht). Der Schwallkopf hat den Punkt a erreicht. Man erkennt sehr deutlich das Aufwölben an den Rändern und die Tendenz des Zusammenfließens im Scheitel.

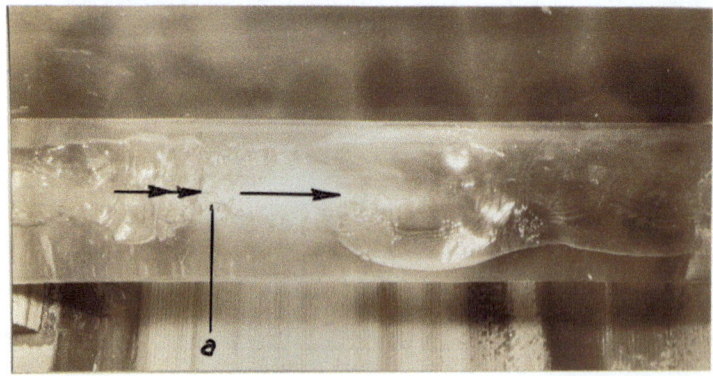

<u>Bild 7:</u>

(Draufsicht). Schwallkopf in a, Randaufwölbung und ausgeprägte Reaktionswelle.

Modellversuche: Tafel 5.

<u>Schwall und Sunk in Unterwasserstollen</u>

<u>Verformung des Schwallkopfes</u>

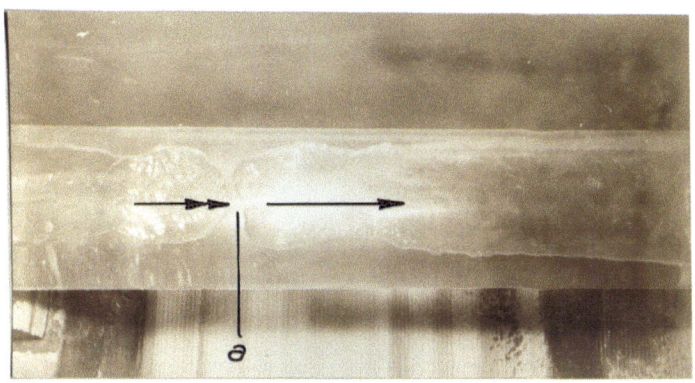

<u>Bild 8:</u>

(Draufsicht). Schwallkopf bei a, Zusammenfließen von den Rändern her. Vorübergehender teilweiser Abschluß des Stollens.

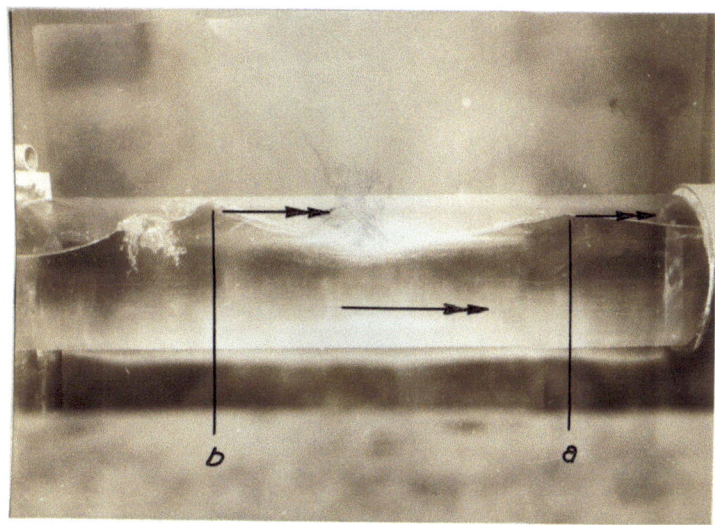

<u>Bild 9:</u>

(Seitenansicht). Der Schwallkopf befindet sich bei a. Durch restliches Öffnen findet eine Erhöhung der ersten Reaktionswelle statt, so daß diese im Scheitel zusammenfließt (wie Bild 8).

Modellversuche: Tafel 6.

Schwall und Sunk in Unterwasserstollen

Schwallwelle im Stollen und plötzlicher Abschluß

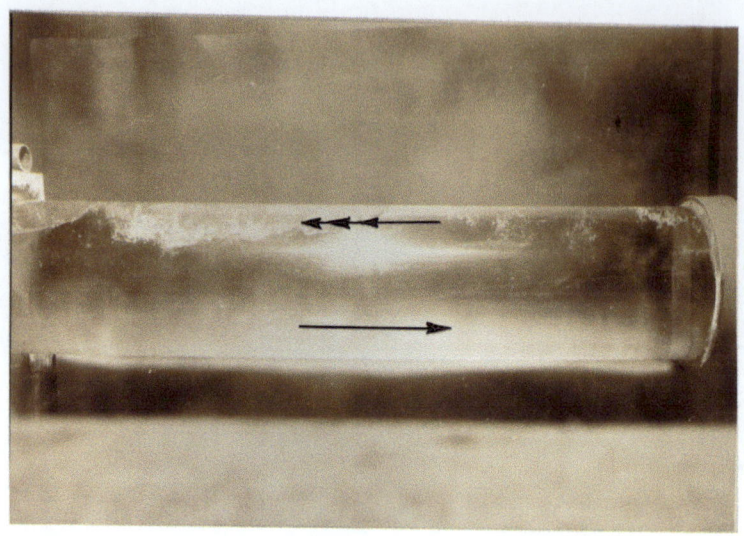

Bild 10:

    Die Schwallwelle hat den Stollenscheitel erreicht und dadurch den Stollen zum U.W. hin abgesperrt. Bei plötzlichem Schließen der Drosselklappe entsteht ein Druckstoß, da die Scheitelbelüftung geschlossen ist. Durch diesen wird ein "Zurückschießen" der Schwallwelle zum Abschlußorgan bewirkt.

Bild 11:

    Derselbe Vorgang wie oben.

Modellversuche: Tafel 7.

Schwall und Sunk in Unterwasserstollen

Sunkwelle in Stollen

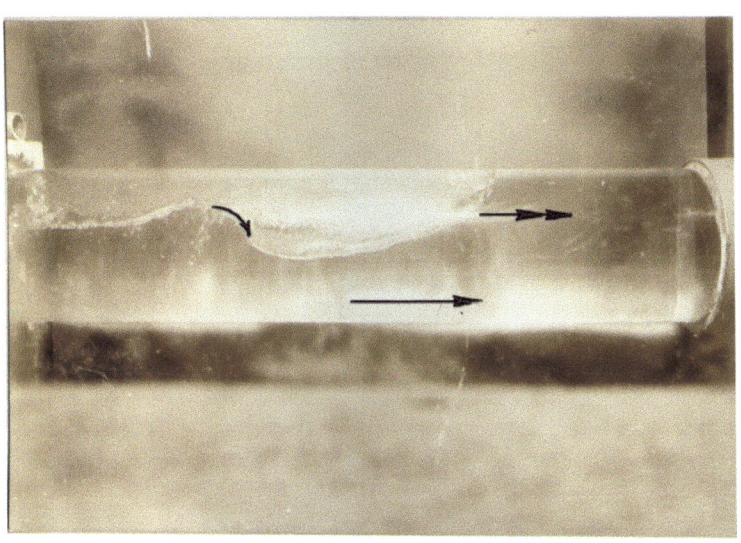

Bild 12:
Sunkwelle mit nachfolgender Reaktionswelle (bereits überfallend) in einem Stollen, der bis zum Scheitel gefüllt ist. (Scheitelbelüftung hinter dem Abschlußorgan).

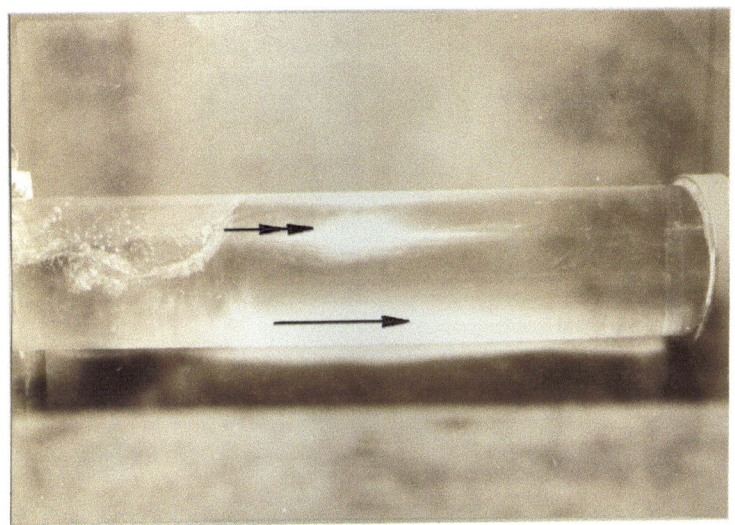

Bild 13:
Sunkwelle im Stollen mit steiler Sunkfront, da im Scheitel Luftblasen die Reibung vergrößern und damit die Wellengeschwindigkeit verringern.

Modellversuche   Tafel 8.

Abreißen der Wassersäule

Bild 14:

Abreißen der Wassersäule. Wasserdampf in dem Unterdruckbereich unterhalb des Abschlußorganes.

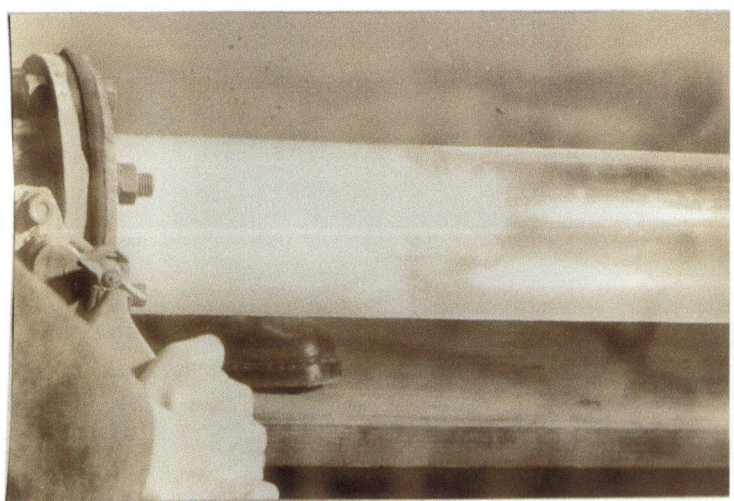

Bild 15:

Phase des Rückstoßes der abgerissenen Wassersäule.

Modellversuche Tafel 9.
Abreißen der Wassersäule

Bild 16:
    Wasserdampf mit besonders ausgeprägter Hohlraumbildung.

Tafel 10.
Diagramme 1 und 2.

Schwall und Sunkdiagramme in Unterwasserstollen
  (registriert mit Lichtpunktlinienschreiber)

1.) Schwall im Stollen bei mittlerer Füllung
     (plötzliches Öffnen = 0,2 sec)

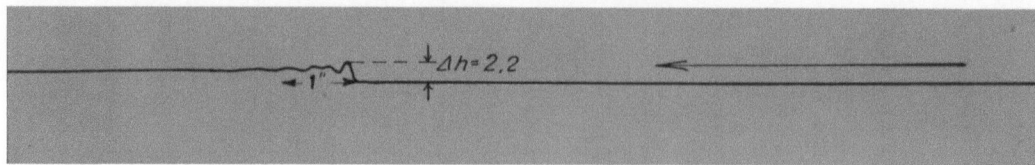

h_o = 12,1 cm ΔQ = 3,8 ltr/sec Δh = 2,2 cm

   Man erkennt an der Charakteristik des Schwalldiagrammes, daß der Schwallkopf keine starke Veränderung erleidet. (Füllung bis h = 14,3 cm)

2.) Schwall im Stollen bei mittlerer Füllung
     (Öffnungszeit = 0,4 sec)

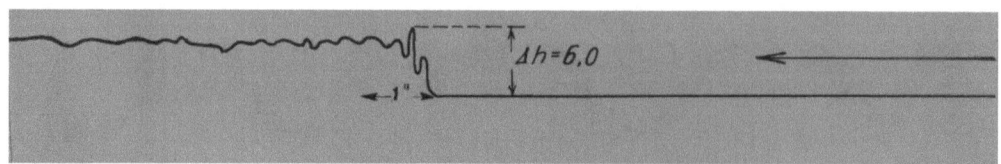

h_o = 9,0 cm ΔQ = 13,25 ltr/sec Δh = 6,0 cm

   Bei der größeren Öffnungszeit bilden sich vor Erreichen der maximalen Schwallhöhe zwei Schwallwellen mit einer dazwischenliegenden stärker ausgebildeten Reaktionswelle.

Tafel 11.
Diagramme 3 und 4.

Schwall und Sunkdiagramme in Unterwasserstollen

Schwall in der Stollenkalotte.

3.)

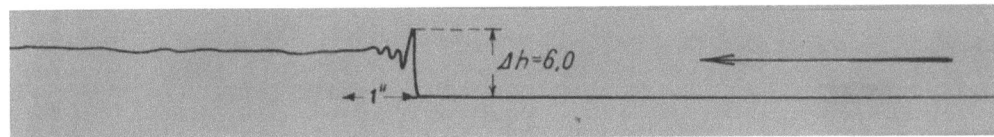

h_o = 12,2 cm ΔQ = 10,5 ltr/sec Δh = 6,0 cm

Das Diagramm zeigt die ebenfalls im Bild ersichtliche starke Erhöhung des Schwalles (Randaufwölbung) mit nachfolgender ausgeprägter Reaktionswelle.

4.)

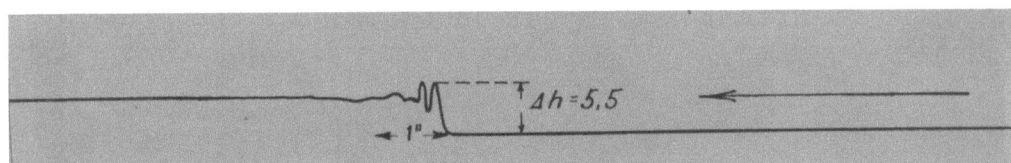

h_o = 14,0 cm ΔQ = 8,4 ltr/sec Δh = 5,5 cm

Der Schwall erreicht hier ebenfalls den Scheitel. Starke Aufwölbung und ausgeprägte Reaktionswelle.

Tafel 12.
Diagramme 5 und 6.

Druckdiagramme unterhalb des Abschlußorganes bei plötzlichem Schließen mit und ohne Belüftung

5.)

    a) Ohne Belüftung   –   Nur Druckstoß

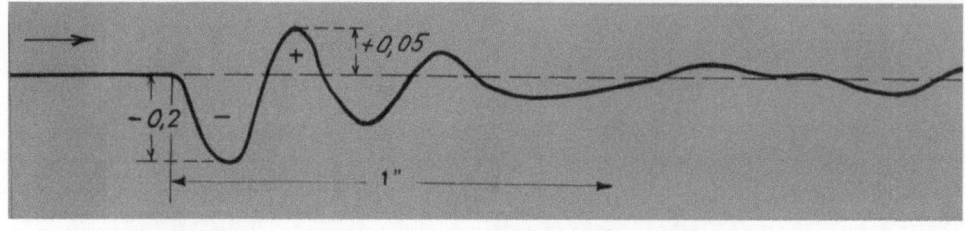

    h_o = 19,6 cm ΔQ = 6,4 ltr/sec

    b) Mit Belüftung   –   Druckstoß und Sunk

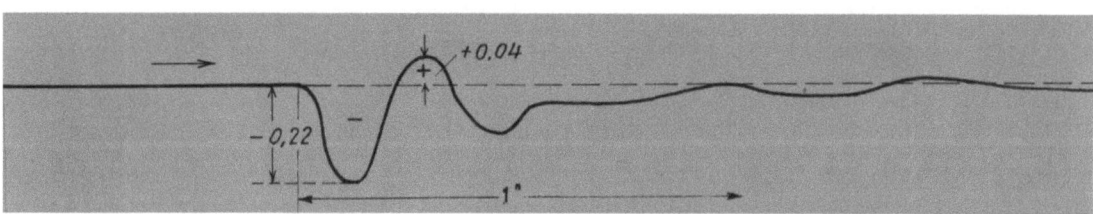

    h_o = 19,6 cm ΔQ = 6,4 ltr/sec

    Teilweiser, augenblicklicher Rohrabschluß durch Schwingungswellen.

6.)

    a) Ohne Belüftung   –   Nur Druckstoß

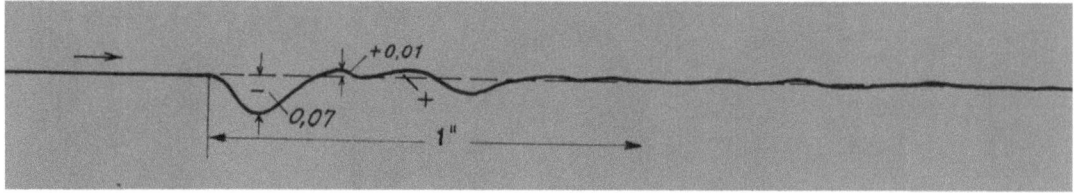

    b) Mit Belüftung   –   Druckstoß und Sunk

    h_o = 18,4 cm ΔQ = 7,7 ltr/sec

    Teilweiser, augenblicklicher Rohrabschluß durch Schwingungswellen. Bei 6 a teilweise stärkere Deformierungen.

Tafel 13.
Diagramme 7 und 8.

Schwall und Sunkdiagramme in Unterwasserstollen

Sunk bei Füllung bis zum Scheitel und bei Scheitelbelüftung

7.)

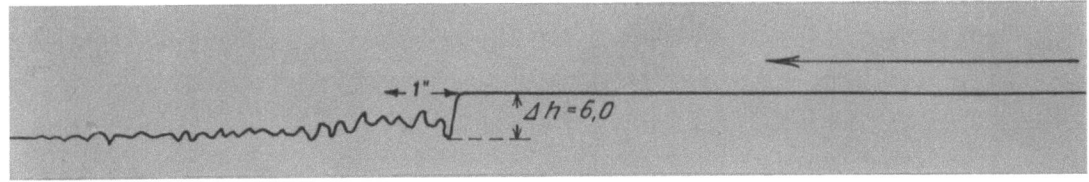

ΔQ = 12,25 ltr/sec h_o = 20,0 cm Δh = 6,0 cm

8.)

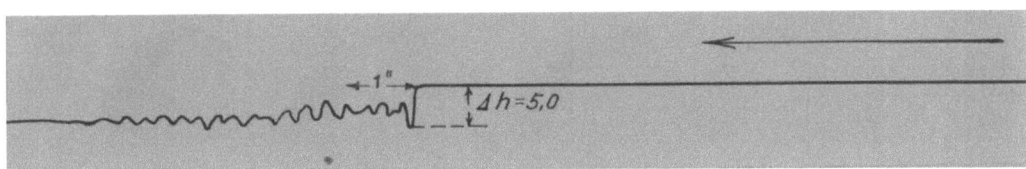

h_o = 20,0 cm ΔQ = 9,25 ltr/sec Δh = 5,0 cm

In den Diagrammen erkennt man sehr deutlich die steilen Sunkwellen und ausgeprägten Reaktionswellen. Dies ist durch die stärkere Reibung im Scheitel (eingeschlossene Luftblasen) und damit verminderte Wellengeschwindigkeit zu erklären.

Tafel 14.

Einfluß von Lufteinschließungen bei negativem Druckstoß

Meßergebnis eines Abschaltvorganges
(gemessen an einer Druckrohrleitung L = 630 m ⌀ 900 mm)

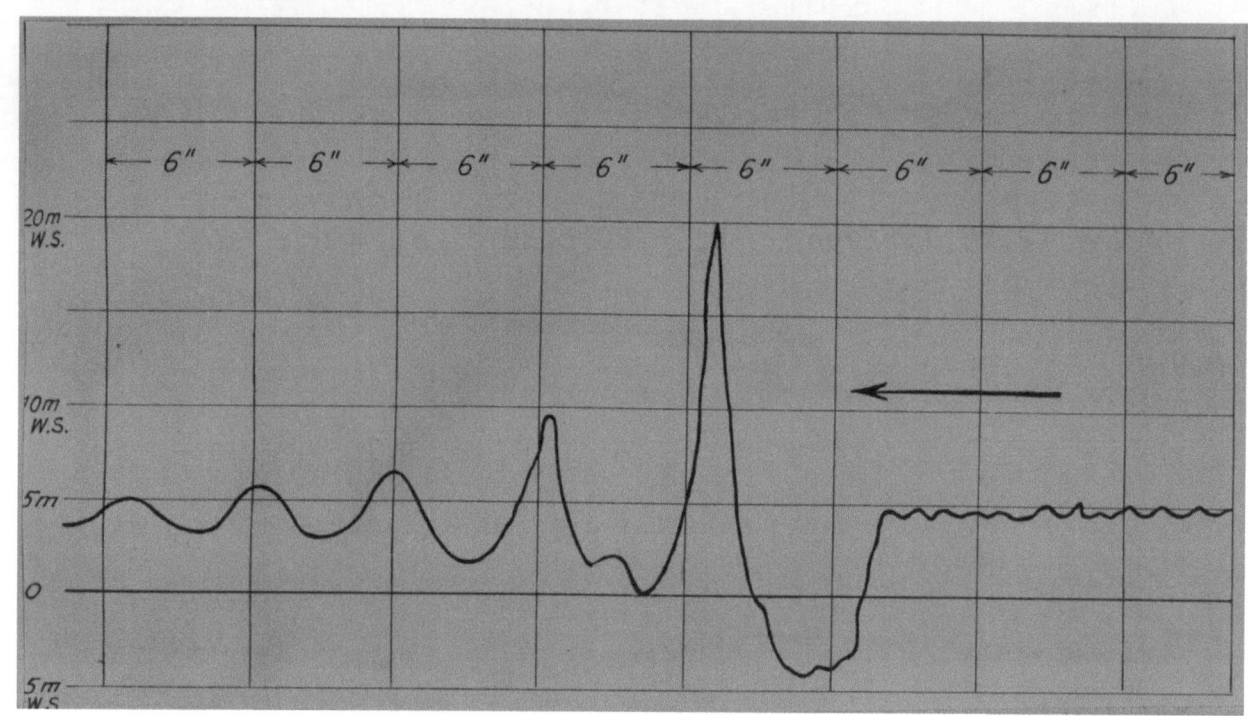

  Die Pumpe wurde mit 500 ltr/sec eingeschaltet. Da die Leitung nicht gefüllt war, entstanden erhebliche Lufteinschließungen. Dies zeigt sich sehr deutlich in dem stark gewellten Verlauf der Diagrammlinie.

  Beim Abschalten der Pumpe entsteht ein Unterdruck bis - 4,5 m. Bei der Reflexion tritt die Erscheinung auf, die im Kapitel über Lufteinschließungen beschrieben ist.

  Zusätzlich zu der positiven Reflexion des Druckstoßes entsteht durch den Druckausgleich auf Grund des Druckstoßes eine zum Abschlußorgan hin gerichtete Wasserbewegung, die eine erhebliche Drucksteigerung bewirkt. Sie beträgt hier 6,0 m, d.h. der des positiven Druckstoßes beträgt " + 20 m".

Modellversuche Tafel 15.

Abreißen der Wassersäule

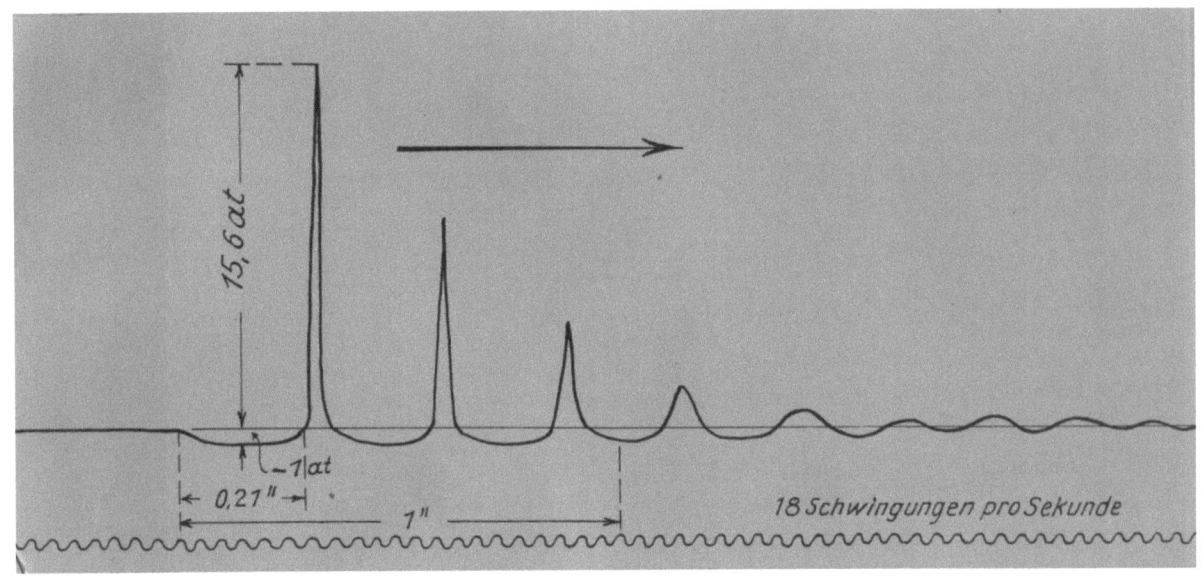

Dieser Versuch wurde mit einer Wassermenge von 9,38 ltr/sec durchgeführt. Die Geschwindigkeit in der gesamten Leitung betrug im Mittel (25 m Ø 100 mm und 5 m Ø 100 mm mit den Übergangsstücken) 0,35 m/sec, am Abschlußorgan 1,19 m/sec.

Die Größe des Rückstoßes wurde mit der Formel $\Delta p = a/g \cdot v_A$ = 15,1 at ermittelt. Der entsprechende im Modellversuch gemessene Wert betrug 15,6 at.

Für die zeitliche Überprüfung des Verlaufes des Abreißvorganges wurde die Formel $t_1 = L/(10,33 + y_0) \cdot v/g$ benützt.

Es ergab sich dabei für das Abreißen $t_1 = 0,101$ sec, d.h. für den gesamten Vorgang bis zum Rückstoß $t = 0,202$ sec, der hierfür gemessene Wert betrug 0,21 sec.

Man erkennt in dem Diagramm, daß der Abreißvorgang sich solange wiederholt (mit jeweils kleiner werdenden Werten), bis die Reflexion kleiner als - 10,o m wird.

Additional material from *Nichtstationare Stromungen in Unterwasserstollen,* ISBN 978-3-662-23238-5, is available at http://extras.springer.com

If you have any concerns about our products,
you can contact us on
ProductSafety@springernature.com

In case Publisher is established outside the EU,
the EU authorized representative is:
**Springer Nature Customer Service Center GmbH
Europaplatz 3, 69115 Heidelberg, Germany**

Printed by Libri Plureos GmbH
in Hamburg, Germany